85년생

요즘 아빠

85년생
요즘 아빠

최현욱 지음

• • • •

프롤로그

일도 가정도 중요한 직장인 아빠의 현명한 육아

처음 아내가 임신 소식을 전했을 때가 떠오릅니다. 짧지 않은 시간 동안 기다린 만큼 너무나 감격스러웠던 순간이었지요.

그래서였을까요. 아이가 생기면 누구보다 아빠 역할을 잘할 줄 알았습니다. 아이를 살뜰히 챙기고 아내를 위하는 남편이 될 자신이 있었죠. 그런데 그게 참, 마음처럼 쉽지가 않더군요.

직장에서의 역할이 늘어나면서 일찍 출근하고 늦게 퇴근하는 일이 많아졌고, 그러다 보니 일과 가정의 균형을 맞추기가 쉽지 않았습니다. 마음과는 달리 막상 집에 오면 소파에 드러누워 쉬고 싶을 때가 많았죠. 인류 역사를 통틀어 오늘날의 아빠가 가장 힘들다고 했던 미국의 교육학자 존 바달라먼트의 말에 절로 고개가 끄덕여졌습니다.

일과 가정의 균형 사이에서 힘들어하던 저는 우연히 마음공부를 통해 제 마음을 객관적으로 들여다볼 수 있었습니다. 그 속에는 사회가 원하는 이상적인 아빠가 되고 싶은 나, 퇴근 후 왕 대접을 받으며 쉬고 싶은 내가 끊임없이 싸우고 있었습니다.

문제를 알았으니 해결방법도 찾을 수 있었습니다. 그것은 아빠가 가족을 위해 힘들어도 내색하지 않고, 아이들에게는 더 다정하고, 집안일도 더 열심히 하는 슈퍼맨이 되는 것이 아니었습니다.

제가 찾은 진짜 해결책은 아빠가 슈퍼맨이 되는 것이 아니라 아빠는 슈퍼맨이 아니라는 것을 인정하는 것이었습니다. 아이와 함께할 수 있는 물리적 시간이 적은 것을 받아들이고, 그 안에서 감당할 수 있는 육아를 하는 것이었죠. 그 과정에서 다음 세 가지 깨달음을 얻을 수 있었습니다.

1. 아내를 행복하게 하는 것이 가장 중요하다.
2. 아내를 행복하게 하려면 내가 먼저 행복해야 한다.
3. 육아에 대해 더 잘 알아야 한다.

엄마가 행복해야 아이가 행복하니 아내를 행복하게 해야 했고, 그러려면 우선 내가 행복해야 했습니다. 그리고 아이와 함께하는 적은 시간을 효과적으로 잘 보내려면 육아에 대해 더 잘 알아야 했습니다. 이 세 가지 깨달음 덕분에 저는 비로소 일과 가정의 균형을 찾고 행복 육아를 할 수 있었습니다. 그리고 놀랍게도, 나를 사랑하는 마음에서 시작한 행복 육아는 부부 관계, 자녀 관계, 부모 관계, 직장 생활 등 제 삶 전반에 걸쳐 많은 변화를 일으켰습니다. 그 깨달음의 과정과 변화를 이 책에 담았습니다.

주변 사람들과 육아 이야기를 나누다 보니 저만 힘든 게 아니었습니다. 많은 아빠가 사회가 기대하는 아빠 역할에 부담을 느끼고 있었고, 동시에 남편에게 서운함을 갖고 있는 엄마 또한 많다는 것을 알게 되었습니다.

저 역시 그러한 어려움을 겪었던 사람으로서 오늘도 최선을 다해 살아가는 요즘 아빠와 엄마에게 우리는 지금도 충분히 잘하고 있다는 마음을 전하고 싶었습니다. 그중에서도 자녀와의 시간이 부족한 아빠가 어떻게 하면 좀 더 현명히 육아를 할 수 있을지 이야기하고 싶었습니다. 그렇게 해서 아빠가 좀 더 행복해지고 그 행복이 바람직한 부부 관계와 자녀 관계로 이어지는 것, 그것이 이 책을 쓴 가장 큰 이유이자 저의 바람입니다.

이 책은 크게 7장으로 이루어져 있습니다.

1장은 부부 관계에 관한 이야기입니다. '엄마 사랑하는 아빠'라는 주제로 바쁜 직장인 아빠일수록 아이보다 엄마를 챙겨야 하는 이유에 대해 다루었습니다.

2장은 슈퍼맨 아빠를 원하는 사회에서 아빠가 느끼는 삶의 무게를 담았습니다. 더불어 아빠의 모습을 객관적으로 돌아보고 함께하는 육아의 중요성에 관해 설명했습니다.

3장은 자기 돌봄의 필요성에 관한 이야기입니다. 아빠 육아에서 가장 중요한 것은 아빠 자신의 행복입니다. 자존감이 낮았던 시기를 극복하며 깨달은 나 자신의 행복에 대해 적었습니다.

4장은 아빠 육아가 왜 필요한지에 대해 설명했습니다. 아빠의 존재와 육아 참여가 아이의 미래에 어떤 영향을 주는지를 알면 아빠 육아의 마음가짐이 달라질 것입니다.

5장은 '육아가 쉬워지는 기술'입니다. 아이와 함께할 수 있는 물리적인 시간이 적은 아빠가 할 수 있는 효과적인 방법을 정리했습니다. 또한 아빠 놀이 방법을 소개하였습니다.

6장은 아빠 육아를 위한 환경 설정입니다. 물리적인 환경 설정을 비롯하여 어떻게 시간을 배분하는 것이 좋은지, 육아를 즐기려면 어떻게 해야 하는지 다루었습니다.

마지막 7장은 아빠이자 남편으로 살아가는 기쁨에 관한 이야기입니다. 육아를 하며 부부 관계, 부모님과의 관계, 자녀 관계, 직장 생활에서 제게 일어난 긍정의 변화를 기록했습니다.

순서대로 보실 필요는 없지만, 이 책을 읽는 독자가 일과 가정의 균형 사이에서 다소 지쳐있는 아빠라면 2장과 3장을, 육아 노하우를 알고 싶다면 5장과 6장을 먼저 읽으시길 권해 드립니다.

이 책이 나오기까지 많은 분의 도움이 있었습니다.

먼저 언제나 저를 믿고 응원해주는 아내와 늘 조건 없는 사랑으로 아빠에게 큰 행복을 주는 승유와 지온이에게 사랑한다는 말을 전합니다. 언제나 저희 부부를 믿고 지지해주는 양가 부모님, 그리고 어린 시절부터 저를 아낌없는 사랑으로 돌봐주신 할머니께 감사드립니다. 이 책을 빛나게 해주신 소울하우스 박현주 대표께도 감사의 인사를 전합니다.

마지막으로 지금 이 시각에도 대한민국을 지키고 있는 62만 국군장병과 가족을 위해 최선을 다하고 있는 모든 아빠에게 깊은 감사와 응원을 보냅니다.

2021년 5월

엄마 사랑하는 아빠

최현욱

차례

차례

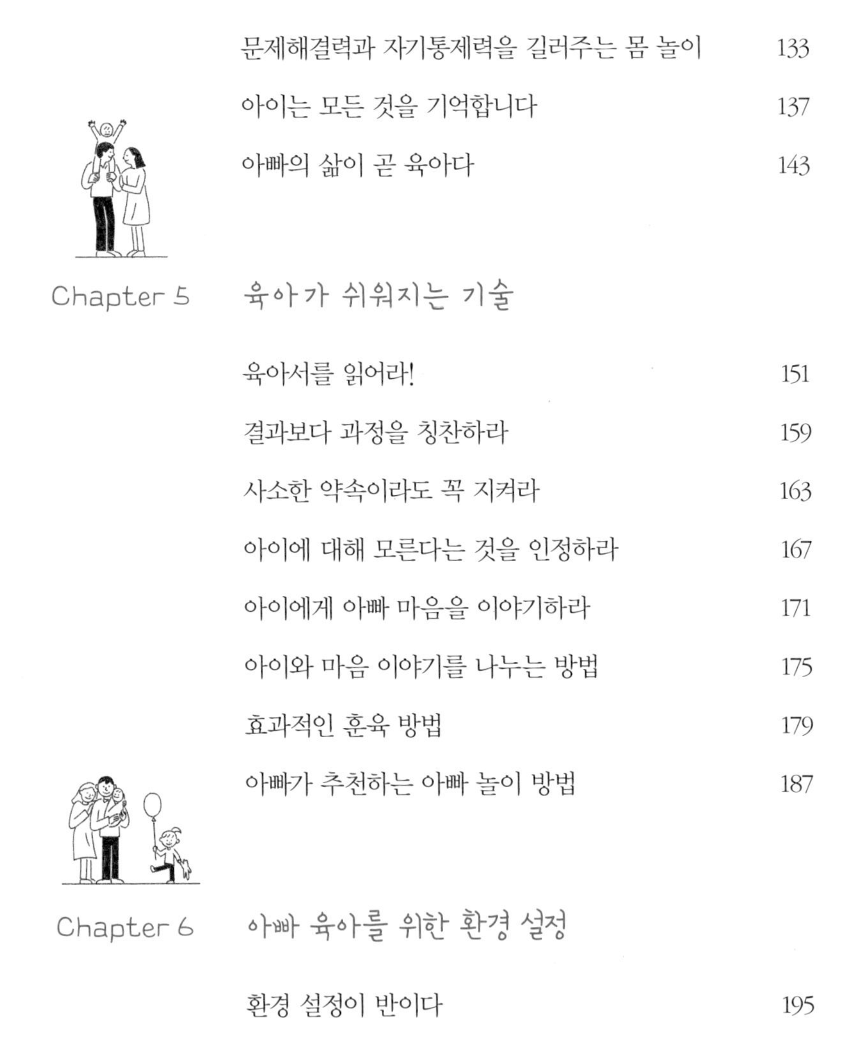

Chapter 1

엄마 사랑하는 아빠

일과 육아 중
어떤 것이
더 어려울까?

2012년 9월, 저는 스물여덟에 결혼했습니다. 또래보다 조금 빨랐다고 친구들 앞에서 "결혼은 말이야~." 하며 훈수를 두기도 했죠. 시간이 흘러 지금은 친구들도 대부분 결혼을 하고 아빠가 되었습니다. 그러다 보니 이제는 만날 때마다 육아 이야기가 빠지지 않습니다. 얼마 전 친구 한 명이 다소 서운한 목소리로 이런 이야기를 했습니다.

"뼈 빠지게 일하고 집에 들어왔는데 아내는 내가 육아와 살림을 도와주지 않는다며 계속 불만이야. 나도 쉬고 싶지만 그래도 아빠 노릇, 남편 노릇 하려고 아이랑 놀아주고, 설거지, 분리수거도 해. 그런데도 아내는 왜 내게 불만인지 모르겠어. 아내가 직장에 다닌다면 모를까 전업주부인데도 그렇게 불평하는 건 내게 너무 많은 희생을 강요하는 거 아니냐?"

친구의 이야기를 들으며 공감을 하는 한편 다음 두 가지 궁금증이 생겼습니다.

'육아와 직장 일, 두 가지 중 어느 것이 더 힘들까?'

'양육과 집안일의 경제적 가치는 어느 정도일까?'

자료를 찾아보니 2016년, 한국 고용정보원에서 법적 판례에 근거해 전업주부의 가사노동 가치를 발표한 적이 있었습니다. 이에 따르면 전업주부의 가사노동 가치는 연 3,745만 원(월 312만 원)이었습니다. 전업주부가 교통사고 피해 보상을 받을 때 일용직 노동자의 평균임금을 근거로 보상금을 산출하는데 이를 적용한 것이죠. 가끔 이용하는 아이 돌봄 서비스의 평균 시급(12,000원)을 평일 12시간 기준으로 계산해봤더니 역시 300만 원이 넘었습니다. 하지만 이게 다가 아닙니다. 양육과 집안일에는 평일도, 주말도 없으니까요. 아이가 어릴 때는 12시간이 아니라 온종일 옆에 붙어있어야 합니다. 엄마 곁에서 아이가 받는 정서적 안정, 엄마의 경력 단절에 대한 보상 또한 전혀 고려되지 않았습니다. 통장에 돈이 들어오지는 않지만, 육아의 가치가 월급을 받는 직장인 못지않음을, 아니 그 이상임을 알 수 있습니다.

그렇다면 육아와 직장 일 중에서는 어느 것이 더 힘이 들까요? 만약 전업주부 아빠와 직장인 아빠 중 하나를 선택할 수 있다면 어떤 선택을 할 것 같은가요? 현재 내가 벌고 있는 월급을 아내가 벌어온다면 전업주부 아빠가 될 의향이 있으신가요?

사실 이 문제는 직장인 아빠들이 모이면 꼭 한 번씩 이야기하는 주제이기도 합니다. 억만금을 준다고 해도 전업주부는 절대 못 한다는 사람도 있고, 아내가 나만큼 벌어오면 내가 훨씬 더 잘 키울 수 있다는 사람도 있습니다. 하지만 제 주변 대부분은 육아보다는 일을 택했습니다. 앞서 서운함을 토로하던 제 친구마저도 고민 끝에 일을 선택했지요. 어떤 이유에서

일까요?

저는 아빠들이 전업주부를 선택하지 않고 일을 하는 이유를 크게 네 가지로 생각해보았습니다.

첫 번째 이유는 사회와의 연결성 측면입니다.

고대 그리스의 철학자 아리스토텔레스는 인간은 본래 사회적 동물이라고 말했습니다. 인간은 혼자가 아니라 여럿이 더불어 살아가야 하는 존재이기 때문입니다. 직장 생활은 혼자서 하기 어렵습니다. 하나의 일을 하는 데도 수많은 사람과 조직, 제도가 연결되어 있지요. 비록 힘들지라도 직장은 사회와 긴밀히 연결되어 있고 우리는 그 속에서 관계를 형성합니다.

반면 전업주부는 사회와의 연결고리가 약합니다. 청소하고 빨래하고 요리하는 일, 아이 밥 먹이고 등·하원 시키는 일은 혼자 하기 버겁지만 그래도 대부분 혼자 해내야 하는 일이지요. 세상엔 오직 아이와 나, 둘 뿐입니다.

두 번째는 자기 주도성 측면입니다.

회사에 매인 직장인과 육아에 매인 전업주부 모두 기본적으로는 정해진 일과를 따릅니다. 하지만 직장인은 정해진 일과 안에서도 많은 것을 자기 주도적으로 할 수 있습니다. 회의가 아침 10시에 있다면 9시에 메일을 확인하고 9시 30분에는 자료를 검토한 후 물 한 잔 마시고 회의실로 갈 수 있죠. 모든 것을 내 마음대로 할 수는 없지만 주어진 시간을 충분히 주도적으로 활용할 수 있습니다.

반면 영유아를 둔 전업주부는 철저하게 아이에게 끌려가는 삶을 삽니다. 잠깐 책을 보다가도 아기가 울면 안아줘야 하고, 밥을 먹다가도 아이가 응가를 하면 숟가락을 놓고 엉덩이를 닦아줘야 합니다. 아이가 열이 나면 그날 계획을 모두 취소하고 병원에 데려가야 하고, 밤중에 칭얼거리면 피곤해도 일어나 아이를 안아주어야 합니다. 아이가 어린이집에 가면 그나마 내 시간이 조금 생기는 것 같지만 갑자기 아이가 아프거나 기관에 유행병이 돌면 꼼짝없이 아이에게 붙어있어야 합니다. 같은 자유 시간이더라도 내 계획대로 쓸 수 있는 1시간과 아이가 부르면 달려가야 하는 1시간은 질적으로 큰 차이가 날 수밖에 없습니다.

세 번째는 주변의 공감입니다.

직장 일이 참 힘들긴 하지만 적어도 내 주변엔 내 편이 되어주는 수많은 사람이 있습니다. 그리고 우리는 그 안에서 하나의 소속감을 느끼며 서로를 격려합니다. 중요한 프로젝트를 잘 끝내면 인정을 받고, 실수해서 혼이 나더라도 동료로부터 따뜻한 위로를 얻습니다.

전업주부는 어떨까요? 빨래하고 청소를 했다고 해서 "우와~ 어쩜 이렇게 빨래를 잘했어? 정말 최고야!" 하고 인정해주지 않습니다. 전업주부라면 당연히 해야 하는 일이라고 여깁니다. 오히려 직장 스트레스도 없고 남편이 꼬박꼬박 돈도 벌어다 주니 얼마나 좋겠냐며 감사함을 강요받기도 합니다.

전업주부는 아무리 힘들어도 같은 처지의 엄마들 외에는 노력에 대한 공감을 받기가 어렵습니다.

네 번째는 자기 성장의 측면입니다.

직장 생활에는 작은 일이든 큰일이든 목표가 있습니다. 부서마다 월간 목표, 분기 목표, 연간 목표를 세우고 개인도 이를 달성하기 위해 할 일을 정하지요. 목표를 달성하기 위한 과정은 쉽지 않습니다. 야근도 해야 하고, 밥 먹을 시간이 부족하기도 합니다. 그래도 그 노력은 배신하지 않습니다. 시행착오를 거치며 쌓은 경험은 언제나 도움이 됩니다. 월간/분기/연간 업무분석을 통해 지난 시간을 돌아보면 조직의 성과, 자신의 성장이 느껴집니다. 성과는 급여 인상이나 추가 수당의 형태로 통장에 찍히기도 합니다.

하지만 전업주부는 아무리 열심히 일해도 성장한다는 느낌을 받기 어렵습니다. 반복되는 일의 연속이기 때문입니다. 빨래를 널고 돌아서면 다시 새 빨랫감이 쌓이고, 천방지축 아이들은 방금 청소한 거실을 몇 분 만에 폭탄으로 만듭니다. 온종일 바삐 움직였는데 통장에는 1원도 찍히지 않고요. 아이는 엄마에게 큰 행복을 주지만 그것이 가시적인 성과나 자기 발전에 이바지하지는 않습니다.

지금까지 크게 네 가지 측면에서 육아와 집안일이 주는 어려움에 대해 살펴보았습니다. 사실 직장 일과 육아를 구분해서 무엇이 더 힘들고 덜 힘들다고 말하는 것 자체가 어불성설입니다. 근무 환경도 제각각 다르고 자녀의 수에 따라 육아의 힘듦 정도도 다르니까요. 그런데도 굳이 이를 비교해 본 것은 우리가 당연하게 생각하는 육아와 집안일의 가치에 대해 다시 한번 생각해보았으면 좋겠다는 바람 때문입니다. 좋은 아빠, 좋은 남편은 육아와 집안일의 가치를 제대로 아는 데서 시작합니다.

아내 챙김에서 시작하는 행복한 육아

지금에야 아이를 키우는 것이 육체적으로나 정신적으로 얼마나 힘든지 알고 있지만, 과거의 저는 그렇지 못했습니다. 아내가 육아 휴직을 했고 저는 직장에 나가야 하니 육아의 책임은 기본적으로 아내에게 있다고 생각했지요. 아내가 부탁하는 것만 잘해도 아빠의 역할 중 팔 할은 한다고 여겼습니다. 아이에게는 엄마의 역할이 절대적이라는 내용의 육아서를 아내에게 소개하며 책임을 미루기도 했습니다. 이처럼 가부장적이었던 제 생각은 특별한 계기로 변하기 시작했습니다.

첫째 아이를 낳고 얼마 되지 않아 잠깐 건강이 좋지 않았던 적이 있었습니다. 정기적인 검사와 치료가 필요해 근무지도 옮겼었지요. 30대 초반의 나이에 찾아온 건강 이상 신호도 충격이었지만 저를 더 힘들게 했던 건 가장으로서의 책임감이었습니다.

'건강이 회복되지 않으면 어떡하지?'

'뱃속에 둘째 아이도 있는데 벌써 아프면 안 되는데….'

'혹시 내가 일을 못 하게 되면 아내와 아이들은 어떻게 하지?'

미래에 대한 걱정이 수시로 오갔습니다. 걱정은 희한하게도 자신감을 떨어뜨리더군요. 입에서는 수시로 "힘들다.", "못한다."라는 말이 튀어나왔고, 시간이 지날수록 저는 더 예민해졌습니다. 아무것도 아닌 일에 감정적으로 반응했고 주변 사람들의 조언도 편하게 받아들이지 못했습니다.

'난 지금 쉬어야 하는데 왜 자꾸 일이 생기는 거야?'

'오늘 또 무리했어. 쉬어야 하는데 무리했으니 내 건강은 절대 좋아지지 않을 거야.'

피해의식에 갇혀 있다 보니 당연히 해야 할 일도 곱게 하지 못했습니다. 집에서도 마찬가지였습니다. 아이를 돌볼 때 조금이라도 피로를 느끼면 한숨을 푹푹 내쉬고 아내에게 불만을 표했습니다. 지금 생각하면 정말 부끄럽지만, 당시엔 세상에서 제가 가장 힘든 줄 알았습니다.

그러던 어느 날이었습니다. 아이와 놀다 잠시 소파에 앉아 있는데 아내가 아이에게 화를 내는 모습이 눈에 들어왔습니다. 아이가 우유를 엎지른 겁니다. 멀찌감치 떨어져 화를 내는 아내와 혼나는 아이를 바라보았습니다. 우는 아이와 지쳐있는 아내의 모습. 한숨을 푹 내쉬는 아내에게서 제가 보였습니다. 나 힘든 것 좀 알아달라며 땅이 꺼져라, 습관처럼 한숨을 쉬던 제 모습이요.

그제야 상황이 객관적으로 보이기 시작했습니다. '평소 내가 내뿜던 부정적인 에너지가 아내에게 전해지고, 그 에너지가 또다시 아이에게 향하고 있구나!'라는 것을요. 그러고 보니 아내가 최근 들어 한숨을 내쉬는 날이 많았다는 사실도 깨닫게 되었습니다. 우유를 엎질렀다고 화를 낼 사람이 아닌데, 아내 역시 지쳤던 것입니다. 제 건강이 좋지 않으니 피곤해도 참고 불만이 있어도 속으로 삭였을 테니까요. 저만 힘든 줄 알고, 아내가 보내는 신호를 전혀 알아차리지 못했습니다. 아니 알면서도 피했다는 표현이 더 정확할 것입니다.

'이건 내가 꿈꾸던 가족의 모습이 아니야.'

이 상황을 개선해야겠다고 생각했습니다. 가장 좋은 방법은 제가 지금보다 훨씬 더 많이 육아에 참여하는 것이었습니다. 하지만 쉽지 않았습니다. 하루 이틀 열심히 아이를 먹이고 재우고 씻기며 돌봤지만 오래가지 못했습니다. 근무시간이 길기도 했지만, 심리적인 벽이 더 높았습니다. 여전히 제 마음은 부정적이었고, 건강을 핑계로 제가 할 수 있는 최대는 이만큼이라고 한정 지었기 때문입니다.

마땅한 해결책을 찾지 못하던 중 우연히 예전에 썼던 다이어리를 발견했습니다. 첫째 아이가 태어나기 전 아내와 함께 쓴 것이었습니다. 초음파를 보며 커가는 아이의 모습에 감동하고, 오랜 기다림 끝에 아빠가 되는 설렘이 여기저기 담겨있더군요. 그중에서 저의 정신을 확 들게 했던 기록이 있었습니다.

2014. 9. 1.

오늘 JTBC 〈비정상회담〉을 보고 알베르토한테 인생을 배웠다. '어떤 아빠가 되고 싶냐?'는 성시경의 질문에 그는 '무엇보다도 엄마 사랑하는 아빠가 되고 싶다.'라고 말했다. 와. 이 형 뭐지? 어떻게 그런 생각을 할 수 있는 거야? 이탈리아 사람들은 DNA가 다른 건가?

알베르토 몬디는 '우리 아빠도 엄마를 많이 사랑했고 그 모습이 정말 좋아 보였다.'라고 했다. 부부가 서로 사랑하는 것보다 더 훌륭한 가정교육이 있을까? 나 역시 엄마 사랑하는 아빠가 되고 싶다. 꿈돌이가 벌써 10주 차가 되었다. 무럭무럭 잘 자라렴.

당시의 감정이 새록새록 떠올랐습니다. 분명 '엄마 사랑하는 아빠'가 되겠다고 다짐했었는데 어느 순간부터 아이들만 챙기고 아내 마음은 살펴보지 않았다는 것을 알게 되었습니다.

목표를 세웠습니다. 현실적으로 제가 감당할 수 있는 육아를 하되 아내에게 집중해야겠다고 생각했습니다. 아내와 똑같은 주 양육자가 되려고 욕심부리지 않고, 아내의 마음을 잘 읽는 보조양육자가 되려고 했습니다. 저의 부정적인 에너지가 아내를 통해 아이에게까지 향하는 것을 알았으니 적어도 아내에게 향하는 제 에너지만큼은 긍정적으로 바꾸고 싶었죠. 이를 위해 제가 했던 것은 크게 두 가지였습니다.

첫째, 아이 중심이었던 시선을 아내에게 옮기려고 노력했습니다. 제 모습을 살펴보니 집에 오면 아이를 돌보거나 쉬려 했지 아내를 바라보는 시간이 없었습니다. 이를 개선하고자 먼저 아내의 말을 흘려듣지 않으려고 노력했습니다. 아내가 그날 있었던 일을 이야기하면 눈을 마주 보며 들으려 했고, "OO 빵집이 유명하나너라.", "여기 좋다는데 가보고 싶다."와 같이 은연중에 내뱉는 말을 스마트폰 메모앱에 기록해두었습니다. 그러고는 퇴근길에 아내가 말한 빵집에서 빵을 사고, 주말여행 계획을 세웠습니다.

또한, 아내의 작은 변화를 놓치지 않으려 했습니다. 아내의 머리 묶는 법이 바뀌었거나 못 보던 옷을 입었을 때 한 마디를 건네려 노력했습니다. "예전에도 입었던 건데?"라는 말을 듣고 민망할 때도 많았지만 그래도 포기하지 않고 계속 시도했습니다.

두 번째, 주말만이라도 아내에게 육아에서 분리된 시간을 선물하려고 했습니다. 아내에게 관심을 두는 것도 좋지만 아내가 가장 기쁜 표정을 지을 때는 역시 육아에서 벗어날 때였습니다. 몇 시간만이라도 아내가 밖에서 시간을 보내기를 권했습니다. 짧은 시간이지만 육아에서 해방된 아내는 밖에서 스트레스를 풀 수 있었고 저 역시 그런 아내를 보는 것이 좋았습니다.

'엄마 사랑하는 아빠'를 외치며 아내에게 집중(?)한 후 우리 가족은 조금씩 예전의 모습으로 돌아가기 시작했습니다. 힘든 육아는 계속되었지만, 아내 얼굴에 웃음꽃이 피어오르는 날이 많아졌지요. 제 노력이 빛을 본 것처럼 보이겠지만 사실 이렇게 될 수 있었던 요건은 다른 데 있었습니다. 그것은 바로 저의 노력을 알아차리고 고마워해준 아내의 마음이었습니다.

아내를 위해 제가 했던 노력은 부끄러울 정도로 사소하고 당연한 것입니다. 하지만 아내가 이를 당연하게만 여겼다면 저의 변화는 얼마 가지 못했을 것입니다. 저 역시 지쳐있던 상태다 보니 내 노력을 몰라준다며 불만을 느꼈겠지요. 감사하게도 아내는 제 노력을 알아차려 주었습니다. 분명 원하는 수준에는 한참 못 미쳤을 테지만 아내는 제 행동에 고마움을 표현해 주었고, 덕분에 저 역시 아내를 위해 노력하는 기쁨을 느낄 수 있었습니다.

서로 호감을 느끼고 사랑을 꽃피우던 순간을 떠올려 봅시다. 함께 발맞추어 걷고, 눈 마주치며 대화하고, 사소한 말 한마디에 행복했던 그 시절을 잊어서는 안 됩니다. 그때를 떠올리며 노력하고 그 마음을 서로가 알아차릴 때, 힘든 육아가 한결 나아지고 부부의 사랑이 아이에게로 이어집니다. 아이를 한 번 안아주었다면 아내는 두 번 안아주세요. 행복한 육아의 비결은 멀리 있지 않습니다.

아내에게 혼자만의 시간을 주세요

"육아 휴식하고 우울증이 왔어요. 외로워서 눈물이 났습니다. 집안일에 지치고 사람이 싫어지더군요. 제발 잠만이라도 푹 잤으면 소원이 없겠습니다. 수입이 줄어드니 경제적으로 힘들어지더군요. 복직하면 한직으로 발령 나는 건 아닐까 두렵습니다."

누구의 하소연일까요? 대부분 육아에 지친 엄마를 떠올릴 것입니다. 하지만 사연의 주인공은 엄마가 아닙니다. 육아 휴직 중인 한 아빠의 고백입니다.

최근 서점에는 육아 휴직을 선언한 아빠들의 이야기책이 늘어나고 있습니다. 그들은 마치 약속이나 한 듯 이렇게 이야기합니다. '육아가 이 정도로 힘들 줄은 몰랐다.'고요. 아빠들이 쓴 육아서를 읽으니 가족을 위해 육아 휴직을 선택했던 아내의 희생이 더욱 고맙고 미안하게 느껴졌습니다. 아내를 위해 육아 휴직을 하는 제 모습도 상상해 보았지만 이내 고개를 저었습니다. 아이들과 온종일 붙어있으면서 사랑 가득한 마음으로 대할 자신이 없었기 때문입니다.

그저 아내에게 감사한 마음으로 보조양육자의 역할에 충실해야겠다고 다짐했습니다. 이를 위해 제가 가장 신경 썼던 부분은 아내에게 혼자만의 시간을 주는 것이었습니다.

둘째 아이가 태어나기 얼마 전이었습니다. 당시 한 예능프로그램의 주도로 90년대를 휩쓴 가수들의 복귀가 인기였는데, 어느 날 아내가 흥분이 가득한 목소리로 말했습니다.

"여보, 젝스키스가 콘서트를 한대!"

학창 시절 젝스키스의 팬이었던 아내는 간절한 마음으로 콘서트 표를 예매하는 데 성공했습니다. 그리고 배 속의 아이와 함께 오빠들의 콘서트에 다녀왔습니다. 저와 아이는 공연이 끝나는 시간에 맞춰 공연장 밖에서 아내를 기다렸습니다. 그리고 그때, 저 멀리서 노란색 풍선을 흔들며 걸어오던 아내의 행복한 표정을 아직도 잊을 수가 없습니다.

젝스키스 오빠들이 아내에게 준 행복감은 무려 한 달 가까이 이어졌습니다. 야근이나 회식을 하고 늦게 들어와도 아내는 그렇게 인자할 수가 없었죠. 한 달 내내 집에서든 차에서든 젝스키스 노래만 들어야 했지만 저는 그 어느 때보다 편하게 지낼 수 있었습니다.

이 일은 제게 큰 깨달음을 주었습니다. 아내를 육아에서 분리하고 밖으로 내보내는 것이야말로 보조양육자인 제가 해야 할 가장 중요한 일이라는 것을 알게 되었죠. 이 깨달음은 둘째가 태어난 이후에 더욱 도움이 되었습니다. 아내는 둘째가 태어나고 첫 돌이 되기까지의 시기를 자신의 인생에서 가장 힘들었던 시기라고 말합니다. 동생의 등장과 함께 엄마에게 더 매달리는 첫째, 젖 달라고 우는 둘째, 늦게 퇴근하는 남편… 엄마라면 누구나 멘탈이 붕괴할 수밖에 없는 시간이 이어졌습니다. 당시 제가 할 수 있는 일이라곤 잠시나마 아내를 밖으로 나가게 하는 것뿐이었습니다.

얼마 안 되는 시간이지만 아내에게 바람을 쐬고 올 것을 권했습니다. 하고 싶은 일이 없다고 해도 차라도 마시고 오라며 밖으로 내보냈지요. 걱정하지 말고 다녀오라고 했지만, 막상 아내가 현관문을 나서면 두려움이 스멀스멀 밀려왔습니다. '뭐부터 해야 하지?', '아내 없이 내가 잘할 수 있을까?' 걱정되었지만 '뭐 어떻게든 되겠지.'라는 생각으로 아이들을 돌봤습니다.

확실히 혼자서 아이 한 명을 보는 것과 두 명을 보는 것은 차이가 있었습니다. 특히 두 아이가 동시에 울고 매달리기 시작하면 정말이지 답이 보이지 않더군요. 그렇다고 쉬라고 내보낸 아내에게 전화할 수도 없는 노릇이었습니다. 아이가 좀 울더라도 부딪히는 수밖에 없었지요. 다행히 아내가 밖에 나가는 날이 거듭될수록 저도, 아이들도 그 상황에 적응해 갔습니다.

처음에는 엄마 보고 싶다며 울고 불던 아이들은 점차 엄마의 외출을 자연스럽게 받아들이고 아빠에게 안기기 시작했습니다. 무슨 일부터 해야 할지 몰랐던 저 역시 인터넷을 찾아보며 이유식도 만들고 틈틈이 널브러진 아이들 용품을 제자리에 정리했습니다. 아내가 옆에 있었다면 슬며시 뒤로 빠졌을 텐데, 옆에 없었기 때문에 좀 더 빨리 익숙해질 수 있었던 것입니다.

육아 경험이 쌓이니 조금씩 자신감이 붙기 시작했습니다. 아이들을 데리고 밖으로 나가기 시작했죠. 한 명만 데리고 가는 것은 의미가 없었습니다. 아이 둘을 모두 데리고 나가야 아내가 잠시나마 온전히 쉴 수 있었으니까요. 그렇게 아기띠를 하고 유모차를 끌며 두 아이를 데리고 밖으로 나갔습니다. 재미있는 사실은 아빠 혼자 아이들을 데리고 나왔다는 것만으로도 많은 격려와 배려를 받았다는 점입니다. 여러 어르신들은 젊은 아빠가 고생한다며 덕담을 건네주셨고, 지하철을 탈 때도 많은 분이 자리를 양보해주셨습니다.

식당에서 가끔 아이들이 소란스럽게 굴어도 주위의 시선은 한결같이 따뜻했습니다. 아이들을 달래며 정신없어하는 제 모습이 짠하게 느껴졌는지 주변 분들은 찌푸린 인상 대신에 측은한 미소를 보내주셨죠. 그들의 따뜻한 시선은 제가 혼자 아이들을 데리고 돌아다니는 데 큰 힘이 되었습니다. 어찌 보면 그만큼 아빠 혼자서 아이들을 돌보는 경우가 드물다는 사실의 방증이기도 하지만요.

블로그에 올린 아이들과의 일상 글에도 좋은 반응이 있었습니다. 이웃님들이 '좋은 남편, 멋진 아빠'라며 칭찬을 해주시더군요. 칭찬도 중독된다고 한 번 칭찬을 받으니 더 칭찬받고 싶고 자랑하고 싶어졌습니다. 아이들과 더 많이 돌아다니며 좋은 아빠임을 뽐내고 다녔지요. 아이들만 데리고 결혼식장에 다녀오기도 하고, 주말에 아이 있는 친구들과 함께 아빠와 아이만 함께하는 나들이도 다녀왔습니다. 기세를 몰아 엄마 없이 아이들과의 1박 2일도 성공적으로 보낼 수 있었습니다.

고백하건대 제가 아내에게 혼자만의 시간을 주려고 한 것은 100% 아내를 위한 마음만은 아니었습니다. 아내만큼 육아에 참여하지 못하는 미안함이 가장 컸지만, 회식 이야기를 조금이라도 쉽게 꺼내고 싶은 마음도 있었습니다. 아내 인생에서 가장 힘든 순간에서도 회식을 생각할 정도로 저는 철없는 아빠였습니다.

다소 불순한 마음이 섞여 있었지만, 아내를 밖으로 내보내려고 노력한 것은 큰 효과가 있었습니다. 일단 아이들과의 관계가 많이 가까워졌습니다. 엄마가 밖에 나가 있는 시간 동안 아이들에게 1순위는 아빠였으니까요. 엄마가 돌아오면 바로 2순위로 밀려나야 했지만, 아이들이 저를 찾는 시간이 늘어나는 것은 분명 뿌듯한 일이었습니다.

밖에 나갔다 돌아온 아내의 밝은 표정도 큰 기쁨이었습니다. 고생하는 아내에 대한 미안함을 조금이나마 덜 수 있었죠. 이처럼 아빠의 독박육아를 어렵지 않게 여길 수 있었던 데에는 이번에도 아내의 배려가 큰 영향을 미쳤습니다. 아내는 밖에 있는 동안 단 한 번도 제게 전화를 걸어 이유식은 잘 먹였는지, 기저귀는 제때 갈았는지 확인하지 않았습니다. 아내의 눈에 아이들이 전혀 어울리지 않는 옷을 입고 있어도 아내는 저를 고생했다며 격려해주었지 '어이구, 이것도 못 하냐.'는 눈으로 쳐다보지 않았습니다.

젝스키스를 좋아했던 아내의 관심은 이제 BTS에게로 옮겨졌습니다. BTS의 음악을 통해 에너지를 얻는 아내를 위해 저는 어떻게든 그들의 콘서트 표를 구해 선물할 생각입니다. 아내의 행복은 저에게, 저의 행복은 아내에게, 서로의 행복이 아이들에게 선순환된다는 것을 지난 몇 년간 수없이 깨달았기 때문입니다. 마법 같은 행복 육아는 이렇게 조금씩 시작되었습니다.

아이에 대한
눈높이를
아내와 맞추세요

#1. 예방접종을 맞추기 위해 어린이집에서 아이를 일찍 데려오기로 했습니다. 입구에 서 계신 선생님께 인사를 했습니다.

"선생님, 승유 아버지인데요, 승유 좀 일찍 데리러 왔습니다."

"아, 그러세요? 승유가 무슨 반이죠?"

"……."

아내를 쳐다보았습니다.

"여름햇살 반이에요."

선생님께 웃으며 대답했지만, 아내의 표정은 미세하게 변했습니다.

#2. 아이를 데리고 병원에 갔습니다. 접수하는 간호사 선생님이 제게 물었습니다.

"지온이 몸무게가 어떻게 되지요?"

"……."

또 한 번 아내를 바라보았습니다.

"12.5kg이에요, 선생님."

웃으며 답하는 아내. 하지만 저를 바라보는 얼굴엔 미소가 사라졌습니다.

#3. 저녁 식사 중 아내와 이런저런 이야기를 하고 있었습니다.

"여보, 이번 주 토요일에 어린이집에서 행사 있는 거 알지?"

"뭐? 그게 이번 주였어? 약속 잡아 놨는데…."

"여보! 한 달 전부터 이야기했잖아. 제발 관심 좀 가져요!"

육아를 나 혼자 하는 것 같다. 엄마들이 아빠들에게 가지는 가장 큰 불만 중 하나입니다. 아내로부터 이런 말을 들으면 대부분의 아빠는 일단 발끈합니다. "바쁘니까 그렇지!"라는 말이 절로 튀어나오려 하지요. 하지만 내심 뜨끔합니다. 솔직히 말해 아내만큼 아이에게 관심을 두지 않았다는 걸 인정할 수밖에 없기 때문입니다.

2018년, 육아정책연구소에서 실시한 '부모가 자녀 양육을 어떻게 분담하는 것이 적절한가'라는 설문조사 결과를 봐도 그렇습니다. 설문에 참여한 3천여 명의 응답자는 양육 부담을 총 10이라고 했을 때 엄마 5.74, 아빠 4.26의 양육 분담이 적절하다고 응답했습니다. 이들의 실제 양육 부담 비율은 어땠을까요? 엄마는 6.86, 아빠는 3.14였습니다. 머리로는 육아에 좀 더 참여해야 한다는 것을 알면서도 아빠들은 바쁘고 피곤하다는 이유로 공동육아에서 한걸음 물러나 있는 것입니다.

앞선 제 경험에서도 알 수 있듯이 엄마들이 육아를 혼자 한다고 생각하는 이유 중 하나는 아빠들이 아이에 대해 너무나 모르기 때문입니다. 저도 아이들의 몸무게가 몇 kg인지, 아이들이 무슨 반인지도 알지 못했고, 알려고 하지도 않았습니다. 엄마는 당연히 알아야 한다고 생각하는데 아빠는 그런 것쯤은 몰라도 된다는 표정이니 관심이 없는 것처럼 느껴질 수밖에요. "관심 좀 가져!"라는 아내의 주문에 부응하려면 우리는 어떻게 해야 할까요?

먼저 기록해야 합니다. 신기하게도 아빠들은 몇 번을 들어도 아이의 몸무게, 아이 친구들의 이름이 생각나지 않습니다. 류현진 선수가 몇 승을 했는지는 대충 봐도 잘 기억하면서 말이죠. 그러니 인간의 두 번째 뇌인 메모를 활용하길 권합니다. 저는 '에버노트'라는 메모앱을 활용하여 아이의 몸무게, 아이의 반, 아이의 친한 친구들 이름을 기록해두고는 필요할 때 재빠르게 검색합니다.

아이의 정보를 스마트폰에 기록하고 나니 도움을 청하는 눈길로 아내를 쳐다보는 일이 줄어들었습니다. 병원에서 아이의 몸무게를 물어봐도, 누군가 아이가 무슨 반인지 물어봐도 당황하지 않게 되었지요. 어색한 미소 대신 얼른 메모를 확인한 후 자신 있게 대답합니다.

다음으로 어린이집이나 유치원 등 기관과의 소통에 적극적으로 임해야 합니다. 보통 이들 기관은 알림장이나 스마트폰 앱을 선생님과 부모의 소통

창구로 활용합니다. 기관에서 있었던 일과 가정에서 있었던 일을 서로 공유하지요. 으레 엄마가 담당하는 기관과의 소통에 아빠가 참여할 경우 여러 가지 장점이 있습니다.

가장 좋은 점은 아이와의 이야깃거리가 풍성해지는 것입니다. 아이가 오늘 하루를 어떻게 보냈는지 알고 대화를 시작하기 때문에 더 자세한 이야기를 나눌 수 있습니다. 아이도 아빠의 관심을 구체적으로 느낄 수 있지요. 그뿐만 아니라 아이에 관해 선생님과 상담할 때도 많은 공감대를 갖고 이야기할 수 있습니다.

마지막으로 아내와의 대화에 집중해야 합니다. 포털사이트에서 '엄마표'를 입력하면 수많은 연관 검색어가 나옵니다. 엄마표 영어, 엄마표 미술, 엄마표 수학, 엄마표 과학놀이, 심지어 엄마표 종이돈까지… 이제는 경제공부까지 엄마에게 강요하는 세상입니다. 반면 '아빠표'에 관한 연관 검색어는 상대적으로 매우 적습니다. 우리 사회가 자녀 교육의 책임을 암묵적으로 엄마에게 지우고 있다는 것을 보여주지요. 그래서일까요. 엄마들은 자녀의 현재 상태나 교육에 대해 아빠보다 아는 것이 훨씬 많습니다. 하지만 혼자서 모든 것을 떠안고 결정하기는 어렵기에 아이에 관한 고민을 남편과 나누고 싶어 합니다.

그러니 엄마가 아빠를 붙잡고 아이에 관해 이야기하려는 순간을 피곤하다는 이유로 놓치지 마세요. 내가 없는 동안 우리 아이들이 어떻게 시간을 보냈고, 무슨 생각을 하고 있는지 빠르게 알 수 있는 시간이기 때문입니다.

아이와 함께 많은 시간을 보내는 것이 아이를 알 수 있는 가장 좋은 방법이지만 여의치 않다면 아내와의 대화에 집중해야 합니다. 스마트폰을 잠시 내려놓고 아내와 눈을 마주치면서요. 아내는 우리 남편이 나름대로 최선을 다하고 있다며 흐뭇해할 것입니다.

앞서 말씀드린 적은 노력 덕분에 저는 더는 아내로부터 육아를 나 혼자 하는 것 같다는 이야기를 듣지 않습니다. 100점 아빠가 되려면 여전히 멀었지만 제 노력을 알아준 아내 덕분에 미안하던 마음도 한결 가벼워질 수 있었습니다.

한창 사회생활에 매진하는 30대, 40대 직장인 아빠는 바쁩니다. 육아에 참여할 수 있는 절대 시간이 부족한 경우가 대부분입니다. 직장 일이 바빠도 아빠 노릇을 잘하고 싶다면 내 아이에 관한 기본적인 정보들을 알아두고 아이에 대한 눈높이를 아내와 맞추세요. 그것이 일과 육아를 모두 잘하는 방법입니다.

Chapter 2

당신은 충분히 잘하고 있습니다

아빠!
어디가?

2013년 1월, 〈아빠! 어디가?〉라는 예능 프로그램이 등장했습니다. 엄마 없이 벌어지는 아빠와 아이들의 여행 이야기를 담았을 뿐인데 반응은 엄청났습니다. 카메라를 전혀 의식하지 않는 아이들의 천진난만함, 서로 조금씩 가까워지는 아빠와 아이들의 모습에 온 국민이 열광했지요. 〈아빠! 어디가?〉는 방송 6주 만에 동 시간대 시청률 1위를 기록했고, 그해 8월에는 시청률 20%를 넘겼습니다. 예능 역사를 새로 쓴 이 프로그램의 가장 큰 차별성은 제작진이 출연자에게 특별한 개입을 하지 않고 카메라로 그들의 행동을 관찰했다는 것입니다.

이후 계속 등장하는 관찰 예능프로그램을 보다가 문득 이런 생각이 들었습니다.

'(저 사람들은) 카메라가 꺼져도 저렇게 행동할까?'

꾸미지 않은 진짜 모습이라고 하지만 아무래도 출연자들은 카메라를 의식할 수밖에 없을 거로 생각했습니다. 하지만 연출 PD는 고개를 저었습니다. 평범한 일상을 장시간 촬영하다 보니 처음에는 이를 의식하던 출연자들도 어느 순간 카메라의 존재를 잊고 평소처럼 행동한다고 했지요. 그러고 보니 출연자들이 자신도 모르던 습관이나 말버릇, 행동을 보고 깜짝 놀라는 경우가 많았습니다. 완벽하지는 않지만 '관찰카메라'라는 도구를 통해 내 모습을 객관적으로 바라보게 된 것이죠.

'만약 누군가가 우리 집에 관찰카메라를 설치해 놓고 나의 24시간을 촬영한다면? TV 속 나는 과연 어떤 모습일까?'

우리 집에 관찰카메라가 있다고 생각하고 그 안에 담긴 제 모습을 상상해 보았습니다. 크게 세 가지 모습이 떠오르더군요.

가장 먼저 떠오른 것은 손에서 스마트폰을 놓지 못하는 모습입니다. 아이폰의 등장과 함께 저는 완벽하게 스마트폰에 중독되어 버렸습니다. 스마트폰을 집에 두고 외출하거나, 배터리가 다 되어 전원이 꺼지기라도 하면 굉장한 불안감을 느꼈습니다. 틈만 나면 꺼내 보고 틈이 나지 않아도 꺼내 보았지요. 놀이터에서 아이들과 놀 때도 습관적으로 스마트폰을 꺼냈습니다. 누군가 제 모습을 촬영한다면 스마트폰만 만지작거리고 있는 모습이 대부분일 것 같아 부끄러운 마음이 들었습니다.

두 번째로 떠오른 것은 아이와 놀다 지쳐 누워있는 제 모습입니다. 친구들과 놀 때는 세상 빨리 흘러가는 시간이 이상하게도 놀이방에서는 그렇지 않았습니다. 충분히 아이와 논 것 같은데 멈춰있는 시계를 보고 깜짝 놀랄 때가 많았죠. 몸은 천근만근 무거워지는데 아이들은 계속 말을 걸고…. 어느새 저는 바닥과 한 몸이 되어 슬그머니 스마트폰을 꺼냅니다.

마지막으로 떠오른 것은 아내를 보지 않고 아이들만 바라보는 모습입니다. 아이들을 항상 시야에 두고 각종 임무(목욕시키기, 기저귀 갈기, 옷 갈아 입히기, 책 읽기, 밥 먹이기, 재우기, 안기, 달래기 등)를 하다 보니 아내가 무슨 생각을 하는지, 무엇을 원하는지, 어떤 상태에 있는지 알아차리기가 쉽지 않았습니다. 아내에게 했던 사랑표현도 많이 줄어들었습니다.

2015년 여성가족부에서 발표한 '배우자와의 하루 평균 대화시간 통계'에 따르면 배우자와 하루 평균 대화시간이 30분도 못 미치는 가정이 전체의 30%에 육박했습니다. 더 놀라운 것은 이 수치가 2010년보다 무려 두 배 가까이 뛰었다는 것입니다. 사랑해서 결혼했는데 무엇이 배우자와의 관계를 이렇게 만들었을까요? 전문가들은 이를 부부 두 사람의 문제보다는 고용시장 불안, 맞벌이 증가 등 외부 환경의 영향 때문이라고 진단했습니다. 외부 환경의 변화에 육아의 무게가 더해져 의도치 않게 서로에게 소원해지게 된 것입니다.

관찰카메라에 비친 내 모습을 상상하는 것은 육아에 대한 메타인지를 높여 줍니다. '메타인지'는 '내가 무엇을 알고 무엇을 모르는지, 내가 하는 행동이 어떤 결과를 낼 것인지 등에 대해 아는 능력'입니다. 나를 객관적으로 바라볼 수 있어야 가능한 것이지요. 주로 공부법에 많이 등장하는 단어로 학습에 절대적인 영향을 끼치는 요소로 알려져 있습니다.

공부뿐 아니라 육아에서도 메타인지는 굉장히 중요합니다. 아이들과 함께 있을 때의 내 모습을 정확히 알아야 내가 아이들과 진정한 소통을 하고 있는지, 소통하는 척만 하고 있는지 알 수 있기 때문입니다.

관찰카메라에 비친 아빠로서, 남편으로서의 제 모습은 마치 팥 없는 찐빵 같았습니다. 겉보기에는 맛있어 보이지만 정작 중요한 것이 빠져 있었죠. 상호작용 없이 아이들과 함께 있는 것, 밥 먹고 설거지하는 것만으로 아빠 역할, 남편 역할을 잘하고 있다고 착각했습니다. 이제는 알맹이를 채워야 한다는 마음의 소리를 들을 수 있었습니다.

한때 마음공부를 한 적이 있습니다. 명상을 통해 어린 시절의 나를 많이 떠올렸습니다. 잊고 있었던 지난날의 경험과 감정을 떠올리고, 상처가 있다면 충분히 보듬어 주는 과정을 반복했지요. 당시 명상 선생님께서 이런 말씀을 하셨습니다.

"은연중에 가지고 있던 어린 나의 아픔을 충분히 느껴보셨나요? 이제 나 자신에게 묻습니다. 과거의 나는 그러했지만, 지금의 나 또한 그렇게 살고 싶은가요?"

여러분도 관찰카메라에 비친 내 모습을 상상한 후 자신에게 물어보세요. '카메라 속 모습 그대로의 남편이자 아빠로 지내고 싶은지'를요. 만약 아니라면, 다시 한번 물어봅니다. '그럼 어떤 모습의 남편이자 아빠로 살고 싶은지' 말이죠. 우리에게는 변화의 계기가 필요하니까요.

아빠가
나에게 해준 게
뭐가 있어요?

첫 아이가 세 살 때 처음으로 야구장을 찾았습니다. 제 버킷리스트 중 하나가 아이와 함께 야구 경기를 보는 것이었는데, 막상 야구장에 가려고 하니 아이가 지루해하진 않을지 걱정이 되더군요. 그래서 평소에 잘 주지 않던 과자, 젤리, 초콜릿을 넉넉히 준비해 사정없이 꺼냈습니다. 달콤한 삼총사 덕분인지 아이는 응원 막대를 휘두르며 재미있게 경기를 봤습니다. 난생처음 파울볼을 잡는 행운도 만났고, 응원하는 팀의 대역전극 덕분에 마음껏 소리를 지르며 신나게 경기를 즐겼습니다.

흥분이 가시지 않은 채 집으로 돌아가는 택시를 탔습니다.

"승유야, 오늘 야구 경기 어땠어?"

"재미쩌쩌!"

"아빠도 너무 재미있었어. 아빠는 예전부터 승유랑 야구장에 가고 싶었거든. 오늘 승유랑 같이 가서 얼마나 좋았는지 몰라. 승유가 응원하니까 우리 팀이 이겼지? 승유가 승리의 아이콘인가 봐. 다음에 야구장에 또 갈까?"

아이와 함께 야구 경기를 보고 싶다는 꿈을 이뤄서일까요? 창밖에 펼쳐진 도시의 밤 풍경도 그날따라 무척 아름다웠습니다. 반짝이는 건물을 가리키며 아이와 키득키득 이야기를 나누었습니다. 그런 저희 모습을 지켜보시던 택시 기사님이 조용히 말씀을 건네셨습니다.

"아이랑 사이좋게 지내는 모습이 참 부럽네요. 나도 젊은 시절 일을 좀 줄이고 가족들과 시간을 더 보낼 걸 그랬어요. 지금 와서 생각해보니 아이들이랑 추억이 별로 없네요."

저와 아이의 모습에 예전 생각이 떠오르셨는지 기사님은 말씀을 계속 이어나갔습니다.

"운전대를 잡은 지 올해로 30년 쨉니다. 30년 동안 매일 새벽같이 집을 나와 밤늦게까지 손님을 태웠지요. 주말이 따로 있었을까요? 돈 버느라 쉴 틈이 없었죠. 당장 먹고 살 일이 급했으니까요. 우리 때는 아이들이랑 추억을 쌓고 싶어도 돈 버는 것이 더 우선이었습니다. 그래야 아이들을 남부끄럽지 않게 키울 수 있었죠. 그렇게 집도 장만하고 생활비랑 아이들 학비도 마련했습니다. 재수까지 시켜가며 아이들 대학도 다 보냈습니다. 그런데 며칠 전, 밥을 먹고 있는데 막내아들이 해외여행을 가고 싶다며 돈을 좀 보태 달라고 하더군요. 누나 결혼도 시켜야 하고, 너도 이제 성인이 되었으니 아르바이트라도 해서 스스로 돈을 마련해 보라고 했죠. 그랬더니 이 녀석이 대뜸 나한테 뭐라고 한 줄 아세요? 아빠가 나한테 해준 게 뭐가 있냐고 합니다."

저도 아버지라서 그랬을까요? 기사님의 말씀이 그냥 지나쳐지지 않았습니다. '아빠가 해준 게 뭐가 있냐.'는 말을 들었을 때 기사님의 마음은 어땠을까요? 가시 돋친 아들의 말은 날 선 칼이 되어 기사님 가슴에 그대로 박혔을 겁니다. 30년의 희생과 노력이 순식간에 부정당하는 기분을 느꼈을지도 모르지요. 그런데도 기사님께서는 아이들에게 아빠와의 추억을 많이 선물하지 못한 점을 미안해하셨습니다. 옅은 미소를 띠며 아이와의 추억을 많이 쌓으라는 덕담을 제게 건네시면서요.

택시에서 내린 후 아이의 손을 잡고 집으로 걸어갔습니다. 기사님 말씀 때문인지 집까지 가는 짧은 시간에도 많은 생각이 들었습니다. 고사리 같은 아이의 손이 더욱 조그맣게 느껴졌습니다.

'우리 아이는 나중에 나를 어떻게 기억할까?'

'기사님 아들은 왜 한평생 고생하신 아버지께 그런 말을 했을까?'

'기사님 아들이 아버지께 내뱉은 말은 진심이었을까?'

미루어 짐작건대 '아빠가 해준 게 뭐가 있어요?'라는 아들의 말은 진심이 아니었을 겁니다. 평소에는 가족을 위해 고생하시는 아버지에게 감사한 마음이 훨씬 더 컸을 테지요. 하지만 어린 시절의 기사님 아들 마음으로 들어가 보면 조금 다를 수 있습니다.

어린아이의 눈에 비친 아빠는 어떤 모습이었을까요? 눈을 뜨고 잠들 때까지 아빠의 모습을 보지 못하는 날이 많았을 겁니다. 친구들은 주말에 아빠랑 같이 놀이동산에 다녀왔다고 자랑하지만, 자신에게는 먼 이야기입니다. 아이도 '아빠, 같이 놀아요.'라고 말하고 싶지만, 현관문을 열고 들어온 아빠는 늘 피곤한 얼굴입니다. 어느덧 아이 마음속 아빠는 언제나 바쁜 사람, 나와 놀아줄 수 없는 사람으로 자리합니다. 아빠에 대한 그리움은 친구들이 대신하지요. 그렇게 사춘기가 된 아들은 더는 아빠를 그리워하지 않습니다. 겉으로 보기에 아이는 잘 크고 있는 것처럼 보입니다. 하지만 어린 시절 느꼈던 아빠의 애정 결핍은 드러나지 않을 뿐 마음속 아주 깊은 곳에 그대로 남아 있습니다. 성인이 된 아들은 조심스럽게 아버지께 해외여행을 다녀오고 싶다는 말을 꺼냅니다. 조금은 도와주리라 생각했건만 아버지는 스스로 비용을 마련하라고 합니다. 예상과 다른 아빠의 거절은 어린 시절 충족받지 못한 정서적 결핍을 건드립니다. 그러자 자신도 모르게 '아빠가 나에게 해준 게 뭐가 있냐.'는 말이 튀어나왔을 겁니다.

두 아이의 아버지이자 60대 아버지의 아들로서 딱히 누구의 편을 들 수가 없었습니다. 두 사람의 마음이 모두 이해되었으니까요. 아들과 함께 처음으로 야구 경기를 보았던 그 날, 기사님이 해주신 말씀은 제게 큰 가르침이 되었습니다. 아이가 아빠를 필요로 하는 지금 이 순간의 소중함에 대해 다시 한번 느낄 수 있었지요.

미국의 컨트리음악 중 해리 차핀(Harry Chapin)이 부른 'Cat's in the Cradle'이라는 노래가 있습니다. 노래의 가사는 아들의 어린 시절에서 시작합니다. 아이가 아빠에게 공 던지는 법을 알려달라고 부탁하지만, 아빠는 할 일이 너무 많다며 완곡히 거절합니다. 노래 앞부분의 후렴구는 이렇습니다.

When you coming home, dad? 아빠, 언제 집에 오세요?

I don't know when, but we'll get together then.

글쎄, 언제가 될지 모르겠구나, 하지만 곧 함께 놀자꾸나.

You know we'll have a good time then. 그때는 아주 재미있을 거야.

노래의 후반부에는 성인이 된 아들과 은퇴한 아빠의 이야기가 이어집니다. 아들을 자랑스러워하는 아빠는 아들과 대화를 하고 싶어 합니다. 아들의 반응은 어떨까요? 아들은 미소를 띤 채 말합니다. "다음에요, 아빠."라고요. 어느새 후렴구 가사는 이렇게 바뀝니다.

When you coming home, son? 아들아, 언제 집에 오니?

I don't know when, but we'll get together then, dad.

글쎄, 언제가 될지 모르겠어요, 하지만 곧 함께할 수 있을 거예요, 아빠.

We're gonna have a good time then. 그때는 아주 재미있을 거예요.

'지금의 아빠' 모습대로 살았을 때 10년 후, 20년 후 나와 아이와의 관계는 어떻게 변할까요? 노래 가사에서 은퇴한 아빠는 이렇게 말합니다.

He'd grown up just like me. My boy was just like me.

정말 나처럼 자랐구나. 내 아들은 정말 나처럼 자랐어.

나처럼 자랄 아이가 어떤 모습으로 자라길 바라시나요?

대한민국에서 '아빠'라는 이름의 무게

"요즘 고민은 없니?"

"없어요."

"공부하느라 힘들진 않고?"

"네, 안 힘들어요."

학창 시절 아버지는 제게 고민이 있는지 자주 물으셨습니다. 그럴 때마다 제 대답은 늘 한결같았죠. "괜찮아요.", "힘들지 않아요." 아버지는 제게 한 걸음 다가오려 했지만 저는 그런 아버지를 되레 밀어냈습니다. 학창 시절의 저는 왜 그렇게 행동했을까요?

아버지는 당시 사회가 요구하는 아버지의 역할을 100% 수행하셨습니다. 좋은 직장에 들어가 가족을 잘 부양하셨죠. 자식들에게 경제적인 어려움을 느끼게 하지 않았고, 양가 부모님께는 든든한 아들이자 사위로의 역할을 다하셨습니다. 그런 아버지를 저는 늘 존경했습니다. 아버지를 태산처럼 높고 바위처럼 단단하신 분이라 여겼지요. 그런데도 저는 아버지를 마냥 편하게 생각하지는 못했습니다. 존경하는 마음과는 별개로 속마음을 털어놓기가 쉽지 않았습니다.

예전에 정신분석을 경험할 기회가 있었습니다. 선생님의 질문에 대해 자유 연상한 글을 썼고, 이를 바탕으로 상담이 진행되었죠. 제 이야기를 쭉 듣던 선생님께서는 한 가지 재미있는 점이 있다고 말씀하셨습니다. 제가 어머니에 관해 이야기할 때는 미소를 짓지만, 아버지에 관한 기억을 꺼낼 때는 무표정하게 변한다는 거였습니다. 제 나이 또래 많은 남자가 비슷한 모습을 보인다며, 무의식이 지닌 어린 시절 아버지와의 관계가 영향을 미쳤을 거라고 하셨죠.

선뜻 동의하기 어려웠습니다. 아버지가 어렵긴 했지만, 그것이 관계 문제는 아니라고 생각했기 때문입니다. 저는 성장하는 내내 아버지한테 맞은 적도, 크게 혼난 적도 없었습니다. 제가 무언가를 하겠다고 하면 아버지는 적극적인 지원은 아니더라도 언제나 제 선택을 존중해주셨죠. 그렇기에 아버지에게 특별히 불만을 가진 기억이 없었습니다. 하지만 아버지에 관해 이야기할 때 달라지는 제 표정은 분명 무언가를 말해주고 있었습니다.

선생님과 함께 어린 시절 아버지에 관한 기억을 좀 더 떠올려 보았습니다. 아버지와의 추억, 예를 들어 아버지와 단둘이 여행을 가거나 아버지와 몸을 부대끼며 놀았던 기억은 떠오르지 않았습니다. 아버지는 제 옆에 계시기보다는 늘 한 발짝 멀리서 지켜보는 느낌이었죠. 대신 이런 장면들이 보였습니다. 서재에 앉아 일하시던 모습, 직장에서 인정받아 전 세계로 출장을 다니시는 모습, 말씀은 안 하셨지만 제 성적이나 공부하는 자세를 마땅치 않아하시는 표정 등이 떠올랐습니다.

상담을 통해 저는 아버지를 그간 저와는 다른 완벽주의자로 인식했음을 알게 되었습니다. 아버지는 그저 하루하루에 최선을 다하셨을 뿐인데 제 무의식은 아버지의 기대에 미치지 못할 것이라는 걱정과 두려움을 키워왔던 것입니다.

어린 시절 아버지와의 애착이 잘 이루어지지 않은 것은 비단 저만의 문제가 아닙니다. 지금의 30대, 40대 아빠 상당수가 그렇습니다. 어떤 이유에서 일까요?

우리 아버지가 자랐던 시대는 아들 중심의 가부장 사회였습니다. "네가 집안의 기둥이다.", "남자는 부엌일을 하는 것이 아니다."와 같은 말을 들으며 성장했던 시절이었죠. 자녀 양육에서도 아버지의 역할은 그리 강조되지 않았습니다. "아이들은 가만두면 저절로 큰다.", "자녀 양육과 교육은 엄마의 역할이다."와 같은 말이 보편적으로 받아들여졌으니까요. 그런 말을 들으며 자란 아버지가 자녀의 발달 단계를 이해하고 감정 코칭을 하기란 너무나 어려운 일이었습니다. 열심히 일해 가정의 생계를 책임지고 자녀가 남부럽지 않게 공부할 수 있도록 지원해주는 것, 그것이 아버지 역할의 전부라고 여길 수밖에 없었지요. 뭐, 지금도 아이가 잘되기 위해서는 '엄마의 정보력, 아빠의 무관심, 할아버지의 재력'이 필요하다는 말이 쓰이는 것을 보면 이것이 비단 과거의 일만은 아닌 것 같습니다.

아버지의 양육 참여와 양육 태도를 연구한 결과들은 1990년대에 들어서야 우리나라에 본격적으로 전해지기 시작합니다. 아버지 참여 수업, 부모 교육 특강 등도 이 무렵 생기기 시작했지요. 하지만 이런 분위기에 찬물을 끼얹는 안타까운 일이 벌어집니다. 바로 IMF 외환 위기였습니다. 무려 22,000여 개의 업체가 도산하고, 실직자는 180만 명이 넘었습니다. 수많은 가정이 깨졌고, 스스로 삶을 포기하는 사람의 수가 교통사고 사망자 수를 앞질렀습니다. 결식아동은 무려 5만 명에 이르렀습니다.

우리 아버지 세대는 그 혼돈의 시절을 견디고 이겨내야 했습니다. 자녀와의 애착 형성이 중요하다고 이야기한들 귀에 들어올 상황이 아니었지요. 아버지들은 어린 자녀들과 함께 보내는 시간을 포기하고 밤낮으로 회사 일과 경제활동에 매달려야 했습니다. 우리 아버지 세대가 자녀와의 관계 형성이 잘 이루어지지 않은 것은 어쩌면 너무나 당연한 결과였을지 모릅니다.

아버지 세대의 노력 덕분에 지금 우리는 좀 더 나은 환경에서 아이들과 시간을 보낼 수 있게 되었습니다. 아빠가 아이에게 미치는 영향도 잘 알고 있어서 아이들이 어릴 때부터 많은 추억을 쌓으려고 노력합니다. 어쩌면 요즘 아빠야말로 대한민국 역사상 최초로 '일과 가정'이라는 두 마리 토끼를 다 잡는 세대가 될 가능성이 큽니다.

하지만 애석하게도 요즘 아빠들의 현실 또한 만만치가 않습니다. 요즘 아빠들은 아빠 육아의 중요성에 공감하면서도 동시에 많은 부담을 느낍니다.

이들은 사회가 말하는 이상적인 아빠 육아와 나의 현실 사이에서 상당한 괴리감을 느낍니다. 정부가 제공하는 육아 정책을 이용하려 해도 팀장님 얼굴을 보면 도무지 말이 나오지 않습니다. 팀장님도 어린아이가 있지만, 단축 근무는커녕 사무실에서 가장 늦게 퇴근하기 때문입니다. 옆자리 선배에게 의견을 구하니 이런 답이 돌아옵니다.

"가뜩이나 우리 팀 여직원들도 단축 근무를 써서 나머지 팀원들이 죽어나는데 굳이 너까지 써야겠니? 여직원이야 엄마 역할이 중요하니까 그렇다 치지만 넌 남자잖아. 막말로 우리 팀원들 다 애들이 어린데 너 쓰고 나 쓰고 우리 팀 남자들 다 단축 근무하면 회사는 누가 지키냐?"

아빠들은 그렇게 아무 말도 하지 못하고 책상에 앉습니다. 주말만이라도 가족과 온전히 시간을 보내기 위해 오늘도 야근을 마다하지 않지요. 전보다 줄었지만 여전히 회식에 참석해야 하고 집에 돌아와서는 육아에 지친 아내의 눈치도 봐야 합니다. 2017년, 출근하는 아빠에게 "아빠, 또 놀러 오세요."라고 말하는 딸의 모습을 담은 음료 광고는 단순히 광고 속 이야기가 아닙니다. 요즘 아빠들이 겪고 있는 모습입니다.

2015년, 통계청에서 발표한 〈한국의 사회 동향〉을 보면 우리나라 남녀의 연령대별 스트레스 인지율을 알 수 있습니다. 특이한 것은 30대와 40대에서만 남자의 스트레스 수준이 여자보다 더 높았다는 점입니다. 30대, 40대 여성들도 일과 육아 사이에서 큰 스트레스를 받지만 경제활동이나 사회적 관계 등에서 남자들이 받는 스트레스가 절대 적지 않음을 알 수 있습니다.

대한민국에서 요즘 아빠들이 느끼는 무게는 상당합니다. 모두가 아빠에게 슈퍼맨이 되어야 한다고 말하는 것 같습니다. 비록 나는 슈퍼맨이 아니지만 아빠는 오늘도 거울을 바라보며 파이팅을 외칩니다. 우리에게는 사랑하는 아내와 아이들이 있으니까요.

수축사회,
불안한
요즘 아빠

2015년 봄, 첫 아이가 태어났습니다. 식구가 한 명 더 늘어나니 자연스럽게 집에 관심이 생기더군요. 부동산 관련 책과 기사를 보며 내 집 마련을 꿈꿨습니다. 몇 억이라는 가격이 부담되었지만, 사랑하는 가족과 깨끗한 새집에서 사는 것은 상상만으로도 큰 즐거움이었습니다. 자산도 조금씩 쌓이고 있었기에 부푼 꿈을 안고 열심히 청약을 넣었습니다. 하지만 내 집을 갖는 것은 절대 쉽지 않았습니다. 당시만 해도 신혼부부에게 배정되는 물량이 많지 않아 가점 낮은 30대 부부가 수십, 수백 대 일의 경쟁률을 뚫고 청약에 당첨되기란 무척 어려웠기 때문입니다. 반복되는 청약 탈락에 내 집 장만이라는 희망은 점점 스트레스로 바뀌었습니다. 아파트 분양가는 내 속도 모르고 하루가 다르게 치솟고 있었습니다.

"서울의 아파트는 오늘이 제일 싸다."라는 유명 부동산 강사의 말은 저를 점점 더 초조하게 만들었습니다. 열심히 돈을 모았지만 이제는 영혼까지 끌어 모아도 서울에 구할 수 있는 집이 없었습니다. 갑자기 화가 솟구쳤습니다.

'열심히 직장 생활하면서 착실히 돈을 모았는데, 서울에 내 집 한 채 마련할 수 없다는 게 말이 되나? 내가 직업이 없는 것도 아니고, 돈을 허튼 곳

에 쓰는 것도 아닌데 말이야!'

일, 직장 상사와의 관계, 부모님 부양…. 예나 지금이나 부모는 자녀 양육 뿐 아니라 다른 많은 면에서 스트레스를 받습니다. 하지만 지금의 부모, 그 중에서도 요즘 아빠들에게 최고의 스트레스는 당연히 경제문제입니다. 아빠들의 수다에서 부동산이 절대 빠지지 않는 이유이지요. "너무 늦은 것 같은데 지금이라도 집을 사야 할까? 대출을 얼마나 받을 수 있을까? 어느 지역이 뜰까?" 모였다 하면 모두가 부동산 이야기입니다.

그런데 부동산 이야기를 유심히 듣다 보면 한 가지 모순을 발견할 수 있습니다. 무리해서 집을 산 사람이나 아직 장만하지 못한 사람이나 모두가 힘들어하고 있다는 것입니다. 아직 집을 장만하지 못한 사람들은 무섭게 치솟는 집값에 상대적 박탈감을 느끼고, 영혼까지 끌어 모아 집을 산 친구들은 당장 내야 할 이자에 큰 부담을 느끼고 있습니다.

참 이상합니다. 우리는 분명 아버지 세대보다 경제적으로 발전한 사회에서 살고 있습니다. 적어도 먹고 살 걱정은 덜 하지요. 누리고 있는 문화 수준 또한 월등합니다. 그런데 왜 우린 아직도 경제문제로 이렇게 큰 스트레스를 받아야 할까요?

홍성국 전 미래에셋 대표는 그의 책 《수축사회》(메디치미디어)에서 경제 구조의 변화를 그 원인으로 지목합니다. 우리 사회의 경제 구조가 '팽창사회'에서 '수축사회'로 넘어가는 단계에 있으므로 많은 경제적·사회적 문제에 직면

할 수밖에 없다는 것입니다.

2013년 3월 16일 자, 조선일보의 '꿈같은 이자 20~30% 재형저축, 80년대 중산층을 만들어낸 힘'이라는 기사를 보면 팽창사회에서 아버지 세대가 집을 마련한 과정을 알 수 있습니다. 기사에 따르면 1984년, 은행에서 일하는 정 씨는 월급의 1/4에 해당하는 돈 7만 원을 5년간 재형저축에 넣었습니다. 5년 후 원금 420만 원은 700만 원이 되었고, 그는 이 돈을 바탕으로 생애 첫 집을 1600만 원에 마련했습니다.

기사에서 알 수 있듯이, 우리 아버지 세대가 경제활동을 하던 팽창사회에서는 저축만으로도 내 집을 마련하는 데 큰 어려움이 없었습니다. 인구가 늘고 기술이 발전하면서 사회 전체의 파이가 계속 커지는 시대였지요. 먹고살기 힘든 시절이었지만 대학 졸업을 하면 어렵지 않게 직장을 구할 수 있었고, 높은 금리 덕분에 저축으로 돈 불리는 재미도 맛볼 수 있었습니다. 허리띠를 졸라매고 열심히 흘린 땀은 '내 집 마련'이라는 보상으로 다가왔고요. 1997년 IMF 경제 위기를 겪기도 했지만, 이듬해 10%가 넘는 경제성장률을 기록하며 팽창을 계속했습니다.

반면 지금은 어떤가요? 수축사회에서 보이는 현상들은 이미 우리나라 곳곳에서 확인할 수 있습니다. 4차 산업혁명으로 시작된 무인화 움직임은 코로나 이후 더욱 가속화되어 사람들의 일자리를 빼앗았습니다. 무인결제 주문기기인 '키오스크'는 식당은 물론, 영화관, 독서실, 주차장 등 우리 사회 곳곳에 설치되어 저임금, 단순노동 일자리부터 대체하기 시작했습니다. 그리고 이것은 양극화의 속도를 더 빠르게 만들고 있습니다.

성장의 척도가 되는 금리는 어떨까요? 2021년 3월 기준 국내 5대 은행 적금상품 중 기본금리가 가장 높은 상품은 연 2.2%에 불과합니다. 앞서 소개한 기사에서 정 씨가 가입했던 재형저축 금리는 무려 32%! 지금보다 15배 가까이 높은 수준이었습니다. 요즘 아빠들이 1984년의 정 씨처럼 저축만으로 내 집을 마련하는 것은 이제 불가능한 일이 되었습니다.

그래서 요즘 아빠들은 불안합니다. 아버지 세대처럼 저축만으로 집을 사고 중산층으로 성장할 수 있다면 참 좋으련만 현실은 정반대입니다. 시대가 요구하는 이상적인 아버지로 살고 싶은데 변동성이 커진 경제구조에서 살아남으려다 보니 일에 더 매달리고 투자도 해야 하지요. 참 피곤합니다. 그래도 분명한 것이 하나 있습니다. 우리가 느끼는 이 경제적 불안감이 절대로 우리 탓이 아니라는 점입니다. 경제구조 자체가 아빠들이 불안감을 느낄 수밖에 없는 방향으로 흐르고 있는 것이지 내가 무언가를 잘못하고 있는 것이 아닙니다. 그러니 코인으로 인생을 역전하고 아파트 여러 채로 수십억 차익을 챙겼다는 이야기를 들으며 열심히 일하는 내 모습을 바보처럼 느끼지 않았으면 좋겠습니다.

내가 느끼는 불안감이 내 탓이 아니라는 생각은 제가 경제적 스트레스에서 벗어나는데 도움이 되었습니다. 그중에서도 육아와 마음공부는 제게 많은 깨달음을 주었습니다.

육아를 하며 저는 내 아이를 다른 아이와 비교할 때 스스로 급해진다는 것을 여러 번 느꼈습니다. 아직 우리 아이는 한글에 관심도 없는데 벌써 한글을 읽고 쓰는 다른 집 아이를 보면 내가 자녀교육에 너무 관심이 없는 것은 아닌가 걱정이 되었죠. 경제문제도 마찬가지였습니다. 가만히 생각해 보면 저는 아파트값이 올랐을 때보다 주변 사람들이 아파트를 사거나 청약에 당첨되었다는 이야기를 들을 때 더 불안했습니다. 나만 뒤처지는 것 같아 조급해진 것입니다. 문제의 답도 육아에서 찾을 수 있었습니다. 아직 한글을 배울 준비가 되지 않은 아이에게 한글 학습지를 꺼내면 아이도, 부모도 스트레스를 받습니다. 반대로 아이가 준비될 때까지 책을 충분히 읽어준 부모는 일찍 한글을 시킨 부모가 들였던 절반의 노력으로도 아이에게 한글을 가르칠 수 있습니다. 저희 아이는 일곱 살이 다 돼서야 한글을 읽고 쓰기 시작했지만 그 과정은 전혀 어렵지 않았습니다. 경제문제도 마찬가지로, 다른 사람의 이야기를 듣고 서두르기보다는 내 속도대로 나가는 것이 중요하다는 것을 알게 되었습니다.

마음공부는 나의 현실을 객관적으로 바라보는데 도움이 되었습니다. 마음을 자세히 들여다보니 제가 왜 치솟는 집값에 분노를 느꼈는지 알 수 있었습니다. 그 원인은 제가 집을 사지 못해서가 아니라 어떻게든 서울에 있는 집을 사려 했기 때문이었습니다. 입지 좋은 서울 아파트로 더 많은 돈을 벌려는 욕심이 그렇지 못한 현실과 만나 분노를 일으킨 것입니다.

육아와 마음공부를 통해 얻은 깨달음은 남과 비교하지 않고 지금 내가 무엇을 해야 하는지 알려주었습니다. 먼저 현재까지 모은 자산과 앞으로 감당할 수 있는 빚이 얼마나 되는지 살펴보았습니다. 이를 토대로 현실적으로 우리 가족이 살 수 있는 지역의 집을 알아보았습니다. 경제공부도 게을리 하지 않았습니다. 주변의 말만 듣거나 공부하지 않고 하는 투자는 저를 불안하게 하여 일에 지장을 줄 수 있기에 시중금리보다 조금 높은 수익률을 목표로 ETF 상품과 개별 종목에 투자를 했습니다. 현실적으로 가능한 지역을 노리고 제 속도대로 자산을 늘린 덕분에 몇 년 전 경기도의 신축 아파트도 분양받을 수 있었습니다.

수축사회는 아빠의 어깨를 무겁게 하지만 요즘 아빠는 사랑하는 가족의 어깨마저 무겁게 할 수 없습니다. 그래서 아빠는 오늘도 직장에서 최선을 다하고, 경제 공부도 게을리 하지 않습니다. 그런 아빠들의 마음에 '불안'보다는 '희망'이라는 단어가 자리했으면 좋겠습니다. 우리는 지금 충분히 잘하고 있으니까요.

아무에게도 말하지 못하는 아빠의 우울증

한국 사회의 민낯을 이야기할 때 절대 빠지지 않는 주제가 있습니다. 바로 자살 문제입니다. 2005년 처음으로 OECD 가입국 중 자살률 1위에 오르더니 무려 13년 동안 1위를 유지했습니다. 참으로 가슴 아픈 일이 아닐 수 없습니다.

중앙자살예방센터에서 발표한 2017년 나이별·성별 자살자 수에서 꼭 짚고 넘어가야 할 것이 30~50대 남성의 자살률입니다. 30대를 시작으로 남성의 자살자 수가 여성의 2배를 앞지르더니 50대에는 그 수가 세 배를 훌쩍 넘깁니다. 40~50대 남성은 특히 심각합니다. 한 해에 스스로 목숨을 끊은 사람이 무려 3,600명이 넘으며 이 중 결혼 경험이 있는 사람이 전체의 74.5%인 2,679명을 차지합니다. 이들은 자살률은 가장 높지만, 상담률은 가장 낮은 집단입니다.

가족 상담전문가 김용태 교수는 그의 책 《중년의 배신》(덴스토리)에서 우리나라 중년 남자의 현실을 이렇게 말합니다.

'열심히 살면 될 줄 알았는데 몸도 마음도 둘 곳이 없다. 젊었을 때는 이때쯤이면 안정되어 있을 것이라고 예상했는데 현실은 몸 둘 곳도 마음 둘 곳도 없는 황량한 벌판이다.'

압도적으로 높은 40대, 50대 중년 남성의 자살자 수를 보며 누구보다 치열했을 그들의 20대와 30대를 생각했습니다. 행복한 가정을 이루고 안정적인 삶을 꿈꾸며 최선을 다했는데 무엇이 이들의 삶을 이렇게 안타깝게 만들었을까요?

제가 파악한 두 가지 이유 중 하나는 대다수 아빠가 자기 마음을 어떻게 돌보는지 모른다는 것입니다. 그 중심에는 아빠들이 느끼는 가장으로서의 책임감이 있습니다.

가족을 부양해야 한다는 책임감은 사실 전 세계 남성들이 가지고 있는 공통적인 생각입니다. 유대인들이 삶의 지침서로 삼는《탈무드》를 살펴볼까요?《탈무드》에서는 남자의 일생을 7단계로 나누었습니다. 그리고 각각의 단계를 동물로 비유합니다.

1단계(한 살) – 임금님. 누구나 임금님을 모시듯이 떠받들고 달래며 비위를 맞추어주는 단계

2단계(두 살) – 돼지. 흙탕물이든 아니든 아무 데나 뛰어드는 단계

3단계(열 살) – 어린양. 마음껏 웃고 떠들고 뛰어다니며 노는 단계

4단계(열여덟 살) – 말. 다 자랐다고 자기 힘을 자랑하고 싶어 하는 단계

5단계(결혼을 한 뒤) – 당나귀. 가정이라는 무거운 짐을 지고 힘겨운 발걸음을 내디뎌야 하는 단계

6단계(중년) – 개. 가족의 부양을 책임지기 위해 다른 사람들의 호의를 개처럼 구걸하는 단계

7단계(노년) – 원숭이. 어린아이와 다름없이 되지만, 아무도 관심을 두지 않는 단계

세상에나. 깜짝 놀랐습니다. 우리 위대한 아빠들이 개라니요. 적토마가 되어 힘차게 달리지는 못할망정 개처럼 구걸한다니요. 세계인이 읽는 고전 《탈무드》에 이런 내용이 있다는 것이 놀라우면서도 씁쓸했습니다.

남성이 느끼는 가족에 대한 책임감이 전 세계적이라지만 우리나라 남성들이 느끼는 책임감은 특히 더 강합니다. 전통적으로 내려오는 가부장적 사고방식에 여러 번의 경제 위기를 겪으면서 아빠들의 어깨가 더욱더 무거워졌기 때문입니다.

양성평등에 대한 인식이 개선되면서 가장으로서의 책임감 또한 조금은 내려놓아도 될 듯하지만, 현실은 그렇지 않습니다. 책임감이 강하다 보니 몸과 마음에서 이상 신호가 나타나도 이를 알아차리기 어렵습니다. 오히려 마음이 나약해졌다고 스스로를 다그치며 억지로 힘을 내려고 하는 경우가 많지요. 동료들의 공감, 아내의 위로가 필요한 자리는 술과 담배가 차지해 버립니다.

중년 남성의 마음의 병이 커진 두 번째 이유는 아빠들이 가정의 속성을 잘못 이해하고 있기 때문입니다. 몰입 심리학의 대가 미하이 칙센트미하이는 그의 책 《몰입의 즐거움》(해냄출판사)에서 이렇게 말합니다.

'흔히 우리는 사회생활에서 성공을 거두려면 엄청난 정력을 지속해서 쏟아부어야 한다고 생각한다. 하지만 가족관계는 자연스러운 것이어서 정신적 노력이 거의 필요하지 않다고 여긴다.'

미하이 칙센트미하이는 가족의 속성에 대해 우리가 착각하는 부분을 정확히 짚었습니다. 특히 아빠들은 그 정도가 더 심합니다. 경제적 역할이 워낙 중요하다 보니 돈만 잘 벌어다 주면 가족의 행복과 아빠에 대한 사랑이 절로 따라올 것으로 기대하지요.

그는 어느 집단이든 사람들이 결속하는 과정에는 두 가지 힘이 작용한다고 말합니다. 음식, 돈과 같은 '물질적 에너지'와 상대방에게 관심을 기울이는 '정신적 에너지'입니다. 이는 가정에도 똑같이 해당합니다. 아빠가 벌어다 주는 돈은 가정의 행복에 매우 중요한 요소입니다. 하지만 이는 물질적 에너지에 지나지 않습니다. 정신적 에너지는 별개이지요. 물질적 에너지가 정신적 에너지에 영향을 미친다고 주장할 수 있지만 일부에 그칠 뿐, 결코 정신적 에너지를 좌우할 수는 없습니다.

물질적 에너지만 높은 가정은 겉보기에는 화려해 보이지만 안으로는 곳곳에 금이 가 있는 대 저택과 같습니다. 아이들과 아빠와의 관계는 조금 소원*(내부의 금)*하더라도 아이들이 엄마와 잘 지내는 모습*(화려해 보이는 저택)*에 만족해버리면 시간이 지나 크게 당황할 수 있습니다. 앞서 김용태 교수님이 말씀하신 중년 남자의 현실처럼 말이죠. 가족을 향한 나의 정신적 에너지는 충족이 되었지만, 아빠를 향한 아이들의 정신적 에너지는 충족되지 않았기 때문입니다.

반면 정신적 에너지가 높은 가정은 부모와 자식 간에 사고방식, 정서, 활동, 기억, 꿈을 공유합니다. 물질적 에너지가 조금 낮더라도 이를 극복할 힘을 가지고 있기에 서로에게 배신감을 느끼지 않습니다. 이것이 바로 아빠가 가정의 속성을 올바로 이해하고 정신적 에너지에 신경을 써야 하는 이유입니다.

포털사이트에서 우울증을 검색해 보면 10~20대 청년, 노년, 산모들을 대상으로 한 기사가 대부분입니다. 아빠들에 관한 기사는 찾기가 쉽지 않습니다. 하지만 통계는 말해주고 있습니다. 아빠들의 정신건강이 더는 내버려둘 수 없는 심각한 수준에 이르렀다는 것을요. 이제는 아빠 스스로 자기 마음을 돌볼 줄 알아야 합니다. 젊은 시절부터 내 마음을 살피고 가정의 속성을 잘 이해해야 중년의 나이에 배신감을 느끼지 않습니다.

과일을 깎다가 칼에 손이 베이면 우리는 바로 소독을 하고 연고를 바릅니다. 이처럼 내 마음도 상처 받은 순간을 인지하고 다독여주어야 합니다.

내가 가정을 어떻게 바라보았는지도 되돌아봐야 합니다. 지금까지 자신의 역할을 경제적인 부분에 한정했다면 이제 아이들의 아빠로서, 아내의 남편으로서의 역할도 잘 발전시켜야 합니다.

나의 마음을 잘 돌보고, 가족 구성원 간의 관계를 잘 다질 때 중년의 배신은 더없는 행복으로 바뀔 것입니다.

제발
비교는
그만!

"여보, 옆집 아빠는 일찍 퇴근해서 매일 1시간은 아이들이랑 놀아준대."

"OO 엄마는 남편 퇴근하면 바로 아이 맡기고 본인도 육퇴(육아 퇴근) 한다는데 나는 이게 뭐야."

"OO 아빠는 안 시켜도 알아서 잘하는데 당신은 꼭 내가 부탁하는 일만 하더라."

육아로 몸과 마음이 지친 아내는 서운한 마음에 남편에게 이렇게 말합니다. 공감과 위로의 말을 은연중에 기대하면서요. 하지만 남편의 반응은 아내의 기대를 완전히 저버립니다.

"제발 나도 잠깐만 좀 쉬자!"

"내가 회사에서 놀다 온 줄 알아?"

아내는 남편의 반응을 이해할 수 없습니다. 가정에 충실한 다른 아빠를 보고 부러운 마음이 드는 것, 남편에게 사회가 이야기하는 공정한 육아를 요구하는 것은 너무나 당연한 일이기 때문입니다. 특히 남편의 행동이 아내가 가지고 있는 육아 기준에 한참 미치지 못하는 경우엔 더욱 그렇습니다.

가뜩이나 늦게 퇴근한 남편이 힘들다며 바로 소파에 드러누워 TV 리모

컨을 만지작거린다고 생각해보세요. 당장 엉덩이를 한 대 때려주고 싶은 것이 사람 마음입니다. "옆집 아빠 좀 보고 배워!"라는 말이 입 밖으로 나올 수밖에 없습니다. 그런데 남편이라는 인간은 늦게 들어와서 아이들을 더 열심히 돌보지는 못할망정 짜증을 냅니다. 도대체 남편은 왜 아내의 말에 신경질적인 반응을 보였을까요?

먼저 2018년, 리서치그룹 엠브레인에서 실시한 아빠 육아에 관한 설문 조사를 살펴보겠습니다. '우리 사회에서 남성 육아가 필요한 활동이라고 생각하느냐?'라는 질문에 87.7%(남성 81.8%, 여성 93.6%)의 응답자가 그렇다고 답했습니다. 아빠 육아가 필요한 이유에 대해서도 '부부라면 당연히 나눠야 한다.'라는 응답(77.4%)이 가장 많았습니다. '맞벌이를 하므로', '여성의 육아 부담을 덜어줘야 하므로'라는 응답보다 10~20% 높은 선택을 받았습니다.

설문 조사 결과로 미루어보았을 때 요즘 아빠들은 아빠 육아의 중요성을 비교적 잘 인식하고 있습니다. 그래서일까요. 늦게까지 일하는 직장인 아빠들은 일과 가정의 균형에 대해 일종의 부채 의식을 가지고 있습니다. 머릿속으로 바라는 모습과 현실에서의 내 모습의 차이가 크기 때문입니다. 퇴근 후 집에 들어와 육아에 지친 아내 모습을 보면 미안한 마음이 절로 솟아오릅니다. 그런데, 아내에게 미안하고 고마웠던 마음이 순식간에 사라지는 경우가 있습니다. 바로 비교를 당했을 때입니다.

직장인 아빠의 마음에는 보통 두 가지 감정이 있습니다. 공동 양육자로서 아빠 역할을 잘 해내고 싶다는 마음, 그리고 집에서만큼은 좀 편하게 쉬고 싶은 마음입니다. 보통 이 두 가지 마음이 왔다 갔다 합니다. 야근과 회식이 많은 직장인 아빠일수록 첫 번째 마음과 두 번째 마음의 변화 폭이 더 심합니다. 일이 고되다 보니 몸과 마음이 더 빨리 지쳐버리기 때문입니다. 이때 '다른 남편은 어떠하더라.'라는 아내의 비교는 아빠 역할을 잘해야겠다는 마음에 찬물을 끼얹습니다. 자기도 모르게 "내가 회사에서 놀고 온 줄 알아?" 하며 불필요한 말을 내뱉게 하지요. 비교에 대한 반발심이 하필이면 가장 가까운 관계인 아내의 말에 반응하는 것입니다.

아내에게도 두 가지 마음이 있습니다. 늦게까지 고생한 남편에게 고마운 마음과 남편에게 아이를 맡기고 잠시나마 쉬고 싶은 마음입니다. 이 두 가지 마음에 가장 큰 영향을 미치는 것은 바로 남편의 태도입니다. 그중에서도 아내의 힘든 육아를 알아주고 공감해주는 남편의 마음이지요. 그런데 남편이 아내에게 공감하기는커녕 이렇게 말한다면 어떻게 될까요?

"다른 집 엄마들은 남편이 직장에서 힘들게 일한다며 집안일에 손도 못 대게 한다더라. 애들 어린이집에 보내고 나면 당신은 충분히 쉴 수 있는데 육아 좀 한다고 너무 유난 떠는 거 아냐?"

앞서 아내의 비교가 남편의 마음에 찬물을 끼얹었듯이 남편의 비교 역시 아내의 마음을 얼어붙게 합니다. 남편에 대한 고마움은 온데간데없이 사라지고 분노의 감정이 그 자리를 차지하게 되지요.

이처럼 비교의 말은 문제를 해결하기보다는 상황을 더 악화시키는 경우가 많습니다. 그래서 수많은 자기계발서와 동기부여 전문가들은 비교하는 말을 하지 말라고 조언합니다. 비교하는 말을 하는 사람이 마치 큰 잘못이라도 한 것처럼 묘사하기도 합니다. 하지만 비교하는 마음은 우리 의지대로 생기거나 생기지 않게 조절할 수 있는 성질의 것이 아닙니다.

미국의 사회심리학자 레온 페스팅거는 우리 인간이 가지고 있는 본능 중 하나가 바로 '비교하려는 마음'이라고 했습니다. 음식을 먹지 않으면 배가 고프고, 물을 마시지 않으면 목이 마르듯, 비교하는 마음 또한 다른 사람과 더불어 살아가는 과정에서 자연스럽게 생기는 감정이라는 것이죠. 따라서 우리는 비교하려는 나를 자책하기보다는 비교하려는 마음이 드는 것을 인지하고 그 마음에 공감하려고 노력해야 합니다.

비교하는 말은 하기 쉽습니다. 하지만 하면 할수록 서로에 대한 불만을 키웁니다. 불만은 눈과 귀를 멀게 합니다. 아내의 말에 귀를 닫게 하고, 아내의 희생을 당연한 것으로 여기게 합니다.

공감의 말은 그 반대입니다. 쉽게 나오지 않지만 서로에게 감사한 마음이 들게 하지요. 나도 힘들고 아내도 힘든 세상입니다. 지친 서로의 마음을 가장 온전히 보듬어 줄 수 있는 사람은 우리의 친구들이나 부모님이 아닙니다. 바로 아이를 함께 키우는 부부입니다.

함께하는 공정한 육아

육아는 참 힘든 일입니다. 내 자식이지만 미칠 것 같은 감정을 느낄 때도 있죠. 몸만 힘든 것이 아니라 정신까지 힘들다 보니 말 한마디에 부부 사이가 순식간에 차가워질 때도 있습니다. 다음의 말이 그 대표적인 예입니다.

"나 정도면 진짜 많이 도와주는 거야."

남편의 '도와준다'는 표현 때문에 화가 났다는 이야기는 맘카페에서도 심심찮게 볼 수 있습니다. 육아는 함께하는 거지 도와준다는 말이 어디 있느냐면서요. 대부분의 엄마가 이 말을 불편하게 느끼는 이유는 '도와준다'는 표현이 암묵적으로 양육의 책임을 상대방에게 전가하기 때문입니다. '내 일은 아닌데, 너를 위해 내가 힘쓴다'는 의미로 들린다고 할까요. 그런데 남편 처지에서는 도와준다는 말이 현실성 있게 느껴지기도 합니다.

2016년 서울시여성가족재단에서 발표한 '기혼여성의 재량시간 활용과 시간 관리 실태 연구'를 보면 미취학 자녀가 있는 부부의 시간 사용에 관한 통계를 확인할 수 있습니다. 조사에 따르면 아빠의 가사노동(아이 돌봄 시간 포함) 시간은 91.58분이지만 엄마의 가사노동시간은 무려 401.98분이었습니다. 엄마의 가사노동시간이 아빠보다 무려 4배 이상 많습니다.

여기까지만 보면 우리나라 아빠들이 가사노동을 너무 나 몰라라 하는 것은 아닌가 생각할 수 있습니다. 하지만 이들의 유급 노동 시간을 보면 생각이 약간 달라집니다. 미취학 자녀가 있는 엄마의 유급 노동 시간은 106.83분임에 반해 아빠의 유급 노동 시간은 404.24분이었기 때문입니다. 완벽히 같진 않지만, 엄마가 가사노동에 더 많은 시간을 쓰는 만큼 아빠들도 유급 노동 시간에 더 많은 시간을 쓰고 있다는 것을 알 수 있습니다. 이처럼 육아에 참여할 수 있는 시간적 제약 때문에 일부 아빠들은 현실적으로 도와준다는 말이 맞는 것 아니냐고 말하기도 합니다.

아빠들이 이렇게 말하는 것은 함께하는 육아를 절대시간 측면에서만 바라보았기 때문입니다. 함께하는 육아는 부부가 같은 시간 동안 육아에 참여한다는 뜻이 아닙니다. 서로 사랑을 나누며 함께 만든 소중한 존재에 관한 책임을 공동으로 가진다는 의미이지요. 이를 위해서는 부부가 서로의 환경을 살펴보고 함께하는 육아에 관해 이야기하는 과정이 반드시 필요합니다.

먼저 우리 부부의 환경을 잘 살펴봅시다. 다른 집과 비교하지 않고 우리 부부의 상황만 객관적으로 보는 겁니다. 누구의 근로시간이 많은지, 직장과의 거리는 어떤지, 퇴근은 제시간에 할 수 있는지, 혹시 근로시간을 줄이거나 조정이 가능한지 알아봅시다. 두 사람 모두가 비슷한 시간을 육아에 할애할 수 있다면 참 좋겠지만 그렇지 않다면 각자의 상황을 고려하여 서로의 역할을 정해야 합니다. 엄마의 업무 강도가 높다면 당연히 아빠가, 반대라면 엄마가 더 많은 역할을 담당해야 합니다.

앞서 통계자료에서도 보았듯이 우리나라는 아빠들의 근로시간이 많습니다. 일과 가정의 균형을 중시하는 사회 분위기와 정부의 정책 덕분에 근로 여건이 개선되고 있지만 이를 체감하지 못하는 직장인 아빠가 여전히 많이 있습니다. 하루아침에 아빠들의 근로 여건이 북유럽처럼 개선되기를 기대할 수도 없고, 그렇다고 직장 일을 소홀히 할 수도 없는 상황입니다. 당장 육아 환경을 획기적으로 개선할 수 없다면, 지금 상황에서 우리 직장인 아빠들이 할 수 있는 최선의 육아 방법을 찾아야 합니다.

저는 그 시작이 아빠를 보조양육자로 인정하는 데 있다고 생각합니다. 육아에 참여하는 절대 시간이 부족한 아빠들에게 주 양육자의 역할을 강요하는 대신 보조양육자의 역할을 완벽하게 하도록 하는 것입니다.

'보조양육자'라는 말의 어감 때문에 육아의 책임에서 한 걸음 물러나도 된다고 오해하지 않았으면 좋겠습니다. 보조양육자의 역할은 절대 만만치 않습니다. 퇴근 후 적당히 쉬고 적당히 육아하는 것은 더더욱 아닙니다.

보조양육자 아빠의 가장 중요한 임무는 주 양육자인 엄마의 마음을 잘 살피고 돌보는 일입니다. 주 양육자인 엄마의 중심에는 아이가 있지만, 보조양육자인 아빠의 중심에는 엄마가 있고, 그 옆에 아이가 있는 셈이죠. 나보다 더 많은 시간을 아이와 함께하는 엄마가 행복해야 그 행복이 아이에게로 전달되기 때문입니다.

엄마의 마음을 잘 살피고 돌보기 위해서는 아내와 끊임없이 대화해야 합니다. 아내의 하루가 어땠는지 일상적인 대화도 중요하지만 아내의 마음을 살피기 위한 대화는 더욱 중요합니다. 이를테면 어린 시절 부모와의 관계, 건강 상태, 육아관, 육아할 때 특히 힘들게 느껴지는 부분, 육아에서 벗어나 아내가 하고 싶어 하는 일 등에 대해서 말이죠.

대화를 통해 아내의 마음을 잘 읽으면 아빠의 역할이 보이기 시작합니다. 아내가 원하는 것이 아빠가 아이와 좀 더 많은 시간을 보내는 것인지, 아내가 아이에게 집중할 수 있도록 집안일에 더 신경을 쓰는 것인지, 아이에게서 잠시 벗어날 수 있는 자유 시간을 원하는 것인지 등을 알 수 있습니다. 그리고 그것을 파악했다면 현재 나의 환경에서, 아내가 가장 중요시하는 것부터 최선을 다해야 합니다.

육아에 참여할 수 있는 시간이 아내보다 훨씬 적었던 저는 물리적으로 아내만큼의 육아를 하려 하기보다는 보조양육자의 역할에 집중했습니다. 아내와 대화하며 아내가 가장 원하는 부분을 채우려고 노력했고 그 결과 아내는 제게 육아를 잘한다고 칭찬해 주었습니다. 이 과정에서 다시 확인할 수 있었습니다. 육아 갈등은 육아에 참여하는 절대 시간이 아니라 함께 하려는 마음에서 해결할 수 있다는 것을요.

주변 사람들과 육아 이야기를 많이 나누다 보니 가끔 제 경험을 바탕으로 육아 코칭을 할 때가 있습니다. 그럴 때 제가 하는 조언은 '아이들을 이렇게 저렇게 돌봐라.'가 아닙니다. 대신 '일상에서 부부가 서로 존중하고 있는지, 상대방에 대한 기대가 내 욕심은 아닌지, 배우자의 마음을 읽으려는 노력을 충분히 하고 있는지'에 관해 이야기합니다.

배우자가 출퇴근할 때 현관 앞에 나가 마중하는 것, 스마트폰을 내려놓고 대화하는 것, 감사와 사랑을 마음속으로만 생각하지 않고 표현하는 것, 상대방이 좋아하는 것, 가고 싶은 곳, 하고 싶은 것을 기억하는 것. 그것이 집안일을 하나 더 하고, 아이와 조금 더 있는 것보다 훨씬 중요하기 때문입니다.

직장인 아빠는 바쁩니다. 하지만 바쁘다는 이유로 육아 책임에서 한 걸음 물러서서는 안 됩니다. 아내가 행복한 마음으로 주 양육자의 역할을 할 수 있도록 내가 할 수 있는 일이 어떤 것인지 적극적으로 찾아봅시다. 그것이 직장인 아빠가 최고의 효과를 거둘 수 있는 함께하는 육아 방법입니다.

Chapter 3

토닥토닥, 자기 돌봄의 필요성

아내 챙김은 아빠의 자기 돌봄부터

아이를 키우며 가장 힘들었던 순간을 떠올려 보면 놀랍게도 그 원인이 아이보다는 건강, 경제, 직장 등 외부 문제에서 시작된 경우가 많습니다. 저 역시 마찬가지였습니다. 아이들이 유별나게 굴었을 때가 아니라 건강문제로 자존감이 바닥으로 떨어졌던 시기의 육아가 가장 힘들었습니다. 힘들었던 육아는 나의 부정적인 에너지가 아내를 거쳐 아이에게 향하고 있다는 것을 알아차린 후에야 조금씩 개선되었습니다. 아이만 바라보던 제 시선을 아내에게로 옮긴 계기가 되었죠. 아내의 행복에 집중한 이후 저와 아내 사이의 보이지 않는 갈등은 확실히 줄어들었습니다.

하지만 아내의 행복이 떨어져 있던 제 자존감까지 회복시켜 주지는 않았습니다. 여전히 저는 낮은 자신감, 부정적인 생각으로부터 쉽게 벗어나지 못하고 있었습니다.

그러던 어느 날, 한 심리 치유 프로그램에 참여했습니다. 그날의 주제는 내 마음의 그릇을 그림으로 표현하는 것이었습니다. 당시 저는 겉보기엔 멀쩡하지만 내부에는 금이 여러 개 그어진 그릇을 그렸습니다. 전보다는 나아졌지만, 여전히 마음이 지쳐있었기 때문입니다.

쉽사리 올라오지 않는 자존감은 저를 무척 혼란스럽게 만들었습니다. 과거의 제 모습과 현재의 제 모습이 너무나 달랐기 때문입니다. 예전의 저는 매사에 긍정적이었습니다. 심리검사에서도 회복 탄력성은 항상 높은 점수를 기록했었죠. 긍정, 낙관, 웃음과 같은 단어들이 자신을 설명하는 키워드들이었는데 더는 그 키워드로 자신을 설명할 수 없었습니다. 그동안 내 모습이라고 믿고 살았던 것들이 진짜 내 모습이었는지 헷갈리기 시작했습니다.

'나라는 사람은 대체 누구지? 진짜 나는 어떤 모습일까? 앞으로 어떤 삶을 살아야 할까?'

어떻게든 이 질문에 대한 답을 찾고 싶었습니다. 아니 찾아야만 했습니다. 나의 진짜 모습을 찾고자 하는 노력은 명상공부와 심리 치유 프로그램 참여로 이어졌습니다. 그 과정에서 정신분석도 경험할 수 있었습니다.

그렇게 저는 조심스럽게 진짜 나에게 다가갔습니다. 한 가지 신기했던 점은 각각의 과정이 별개가 아니라 서로 연결되어 있었다는 것이었습니다. 방법은 조금씩 달랐지만 모두 나의 무의식, 즉 내면 의식과의 만남을 향해있었습니다.

"당신의 삶에 반복되는 패턴이 무엇인가요?"

세 과정 모두에서 똑같이 받았던 질문입니다. 다음은 당시 제가 그 질문에 대해 답으로 써둔 내용 중 일부입니다.

요즘에 아이들한테 화를 너무 많이 내는 것 같다. 화보다 짜증을 많이 낸다. 어젯밤만 해도 그랬다. 피곤해서 침대에서 쉬고 있는 나에게 첫째

아이가 다가왔다. "아빠, 일어나서 나랑 놀아줘." 반응이 없자 아이는 나를 흔들어 깨웠다. 잠에서 깬 나는 다짜고짜 아이에게 짜증을 냈다. "승유야, 아빠 피곤해. 아빠 좀 내버려 둬.", "아, 정말 왜 자꾸 그래?" 하며 감정을 드러냈다.

식사시간에도 자주 화를 낸다. 아이가 밥을 너무 천천히 먹을 때, 음식으로 장난칠 때, 식판을 앞에 두고도 손도 안 대는 모습을 보면 화가 난다. 그리고 밥을 치운다고 협박을 한다. 오늘 저녁도 마찬가지였다.

"큰 바늘이 3에 올 때까지 먹지 않으면 밥 다 치울 거야. 스스로 먹어! 이제 먹여주지 않아." 하고 이야기했는데, 아이는 끝까지 장난만 치고 먹지 않았다. 결국, 화가 난 나는 식판을 확 뺏어서 싱크대에 던져 버리고 말았다. 그러면 안 된다는 걸 알면서도 왜 이런 행동이 반복되는 걸까? 너무나 사랑스러운 아이들인데, 순간 감정 조절을 하지 못하는 패턴이 반복된다. 아이에게 상처를 주는 것 같아 정말 미안하다.

아이에게 화를 내고 미안해하는 감정이 어디에서 오는지 살펴보았습니다. 놀랍게도 아내에게 미안한 마음, 특히 이상의 틀을 정하고 그것과 싸우고 있는 제 모습이 보였습니다. 역시 당시에 제가 써둔 내용입니다.

어젯밤 아내가 이런 말을 했다. 자기 로망 중 하나는 아이들이 아빠 껌딱지가 되는 것이었다고. 지금 나와 아이들과의 관계는 어떤가? 아이들은

아빠 껌딱지가 되었나? 전혀 아니다. 새벽에 출근해서 밤에 집에 오면 몸이 지칠 대로 지친다. 체력이 좋아야 아이들과 신나게 놀아주는데 그렇지도 못하다. "안 돼.", "하지 마.", "자꾸 그러면 아빠한테 혼나."라는 소리만 하는데 어떻게 아빠 껌딱지가 될 수 있겠는가…….

내 성격이면 어렵지 않게 아이들과 친하게 지낼 줄 알았다. 하지만 쉽지가 않다. 두 아이 틈바구니에서 고생하고 있는 아내에게 미안하다.

명상 선생님께서는 제 이야기를 들으시고는 이렇게 말씀하셨습니다.

"내가 믿고 있는 이상과 현실에 차이가 생기면 나를 향한 평가와 판단이 일어납니다. '아빠 껌딱지가 되어야 좋은 남편이라고 할 수 있어.', '친구 같은 아빠가 되어야 행복해.'라는 생각은 과연 진실일까요? 아닙니다. 내가 가지고 있는 이상일뿐이죠. 내가 만들어 낸 이상이 나를 판단하고 평가합니다. 판단과 평가가 일어나면 나의 감정은 어떻게 되나요? 분노, 짜증, 화, 죄책감, 좌절 등의 감정을 느끼죠. 그런 감정이 나를 어떻게 대하는지 살펴보세요. 마음이 위축됩니다. 삶이 재미없어지고 힘들어집니다."

선생님께서는 사실과 생각을 구분하고, 생각(해석)이 나의 행동과 결과에 미치는 영향을 살펴봐야 한다고 말씀하셨습니다. 신기하게도 심리 치유 프로그램과 정신분석에서도 비슷한 이야기를 했습니다. 명상 선생님의 지도에 따라 의식적으로 이를 구분하는 연습을 해보았습니다.

사실	해석	감정	행동	결과
아이가 내게 다가와 같이 놀자고 깨움	아빠 피곤한데 왜 자꾸 귀찮게 해?	짜증, 화	아이에게 인상을 쓰며 짜증을 부림	아이가 풀이 죽은 채 거실로 감
아내가 자기의 로망은 아이들이 아빠 껌딱지가 되는 것이라고 말함	아이들은 아빠 껌딱지가 아니다. 나는 부족한 아빠다.	미안함, 자책감	아이들을 아빠 껌딱지로 만들어야 한다는 의무감에 사로잡혀 아이들에게 다가감	아이와의 관계 개선 없음 스스로에 대한 비판이 계속됨
	그렇지 않아도 힘든 나한테 굳이 그 말을 꺼내야 하나?	원망	아내와 대화할 때 퉁명스럽게 말함	아내의 기분이 나빠짐

아이가 내게 다가와 같이 놀자고 한 것이나, 아내가 아빠 껌딱지를 언급한 것은 객관적인 상황에 불과했습니다. 이에 대해 '짜증, 화, 미안함' 등의 감정을 느낀 것은 저의 해석 때문이었죠. '나는 부족해.'와 같은 저의 해석이 부정적인 행동과 원치 않은 결과를 낳은 것입니다.

선생님께서는 제 해석이 잘못된 것은 아니라고 말씀하셨습니다. 몸이 피곤해서 부정적인 감정이 떠오르는데 이를 억지로 긍정적인 감정으로 덮는 것이 더 좋지 않은 태도라고 하셨지요. 다만 부정적인 감정이 느껴질 때 이것이 나의 해석에 의한 것임을 알아차리고 그 감정과 친구가 되는 과정이 필요하다고 하셨습니다. 내 안에는 에너지 넘치는 나도 있고 힘들어하는 나도 있는데 힘들어하는 나를 무시하고 내버려 두면 어느 순간 그 힘이 세져 우울증 등으로 폭발할 수도 있다고요.

선생님의 지도에 따라 상처 받고 지친 나에게 사과하였습니다. 스스로 부족한 아빠, 부족한 남편이라고 깎아내려서 미안하다고 말했습니다. 그리고 판단이나 평가에 상관없이 나를 사랑하고 응원하겠다고 이야기했습니다. 그러자 불편한 감정이 서서히 가라앉는 느낌이 들었습니다. 긍정적인 생각으로 덮으려 해도 사라지지 않던 불편한 감정이 그제야 조금씩 치유되기 시작했습니다.

마음을 살피는 연습을 계속하면서 알게 되었습니다. 그동안 저의 마음은 음 소거 상태였다는 것을요. 마음은 그동안 수없이 제게 말을 걸었지만 저는 그 소리를 전혀 듣지 못하고 있었습니다. 마음의 볼륨을 키우는 데는 용기가 필요했습니다. 내 삶에 일어나는 반복되는 패턴에 숨어있는 불편한 기억을 피하지 않고 마주해야 했지요. 그 과정을 거친 후에야 진짜 마음의 소리를 들을 수 있었습니다. 마음이 제게 듣고 싶었던 말은 "힘들어도 이겨내야 해.", "좀 더 노력해야 해."와 같은 극복의 소리가 아니었습니다. "많이 힘들었구나.", "괜찮아.", "수고했어."와 같은 공감의 말이었죠. 마음의 소리에 공감하자 비로소 나를 사랑하는 마음이 조금씩 차올랐습니다.

있는 그대로의 나를 사랑하는 것은 나의 행복으로 이어졌습니다. 나의 행복은 아내의 행복에 집중할 수 있는 큰 에너지가 되었고, 아내의 행복은 자연스럽게 아이들에게 연결되었습니다. 행복한 가정을 이루려면 내 마음을 살피고 나 자신을 행복하게 하는 것이 우선입니다.

마음공부를 통해 알게 된 것들

"1번 보라매부터 차례대로 뛰어내리겠습니다!"

훈련 교관의 마지막 설명이 끝남과 동시에 항공기의 문이 열렸습니다. 심장 박동 수가 더욱 빨라졌습니다.

"점프, 점프, 점프, 점프!"

같은 조 동기생들과 함께 줄줄이 하얀 하늘로 뛰어내렸습니다. 충격이 느껴졌습니다. 낙하산이 잘 펴진 것입니다.

'살았다.'

살았다는 안도감 이후에 제가 느낀 것은 고요함이었습니다. 낙하산이 펴지고 땅으로 내려가는 동안 아무런 소리도 들리지 않았습니다. 오롯이 자연과 나만이 세상에 존재하는 느낌이었습니다. 아래로 조그만 집, 개미 같은 사람들이 보였습니다. 그제야 무슨 소리가 들리기 시작했습니다.

"어디로 가는 거야! 착륙지점 확인해! 방향 조절 똑바로 해! 정신 차려!"

순간 저는 이런 생각을 했습니다.

'하늘은 이렇게 넓고 고요한데, 개미같이 작은 인간들이 조그만 공간 안에서 서로 아웅다웅하며 시끄럽게 싸우고 있구나.'

공군사관학교 생도 시절 낙하산을 메고 비행기에서 뛰어내렸던 그 짧은 순간, 저는 인간 세상의 덧없음(?)을 느꼈습니다. 왜 그런 생각이 떠올랐는지는 잘 모르겠습니다. 하지만 그날의 경험은 나의 마음을 살피는 데 큰 도움이 되었습니다.

지금도 불편한 감정이 생기는 것을 알아차릴 때면 저는 공수 강하 순간을 떠올립니다. 하늘에서 인간 세상을 내려다보았던 것처럼, 제삼자가 되어 현재 내게 일어난 상황을 관찰하려고 하지요. 내 모습을 객관적으로 바라봄으로써 어떻게 행동하는 것이 내게 도움이 되는지, 더 쉽게 알 수 있기 때문입니다. 이렇게 내 상황과 마음을 객관적으로 바라보는 연습을 꾸준히 하다 보니 몇 가지 변한 것이 있습니다.

첫 번째, 억지로 좋은 감정을 유지하려고 노력하지 않게 되었습니다.

과거의 저는 부정적인 생각이 들면 이를 의식적으로 거부했습니다. '이건 나쁜 생각이야. 나쁜 생각을 하면 실제로 나쁜 일이 일어나. 긍정적인 생각으로 바꿔야만 해.'라고 생각했습니다. 하지만 지금은 억지로 부정적인 생각을 긍정적인 생각으로 덮지 않습니다. 대신 그 마음으로 더욱 깊게 들어가 봅니다. 엘리자베스 퀴블러 로스는 그녀의 책 《인생 수업》(이레)에서 '우리에게는 간디의 마음도 있고 히틀러의 마음도 있다.'고 말합니다. 실제로 제 마음 역시 그렇습니다. 배려하는 사랑스러운 나도 있지만 시기하고 질투하는 나도 있습니다. 용기 있는 나도 있지만, 겁을 내는 나도 있고요. 마음을 살펴보며 그 또한 내 모습 중 하나라는 것을 알게 되었습니다.

부정적인 감정을 인정하고 바라보는 것은 육아에도 많은 도움이 되었습니다. 몸이 피곤한 상태에서 육아를 하다 보면 부정적인 감정이 스멀스멀 올라올 때가 있습니다. 좋은 감정을 유지하려 해도 잠시뿐, 재미있어야 할 육아를 숙제처럼 느끼고 억지로 놀아주고 있는 나를 발견하게 되지요. 그런 날이면 아이와 놀고 나서도 찜찜한 마음이 듭니다.

예전의 저라면 이런 경우 스스로를 부족한 아빠라고 생각했습니다. 하지만 이제는 그러지 않습니다. 피곤한 나도 정상적인 내 모습임을 인정하고 나의 상황을 객관적으로 바라봅니다.

'이렇게 피곤한 표정으로 노는 것이 과연 나와 아이에게 좋을까?'

억지로 아이와 노는 것은 아무런 이득이 없음이 보였습니다.

'그럼 어떻게 하는 것이 나에게 득이 될까?'

개선점을 찾기 시작했습니다. 아이에게 양해를 구하고 잠시 눈을 붙이거나 주차장 차 안에서 잠깐 쉬었다가 집에 들어가기도 했습니다. 억지로 노는 것보다 좋은 컨디션으로 재미있게 노는 것이 저나 아이 모두에게 좋았으니까요. 부정적인 감정이 올라올 때 이를 인정하고 객관적으로 바라본 덕분에 상황을 조금씩 개선할 수 있었습니다.

두 번째, 연결성을 느낄 수 있었습니다.

그동안 저는 가족이나 친구들과 같이 저와 가까운 사람들과 그렇지 않은 사람들을 구분하며 지냈습니다. 저와 가깝지 않은 사람들이 제게 미치는 영향은 미미하리라 생각했죠. 하지만 그렇지 않았습니다. 자존감을 회복하는 과정에서 가족 못지않게 저를 도와준 이들은 막역한 관계의 사람들이 아니었습니다. 명상 프로그램에서 만나 서로의 이야기를 주고받았던 사람들, 심리 치유 프로그램에서 만나 팀 활동을 같이 했던 사람들, 독서 모임에서 책을 읽고 느낀 점을 나누었던 사람들, 제 블로그에 따뜻한 댓글을 남겨주던 이웃들이었습니다. 친구처럼 가깝다고는 말할 수 없지만 그들의 따뜻한 말 한마디는 제게 큰 위로가 되었고, 저 역시 비슷한 고민을 하는 그들에게 진심 어린 공감을 할 수 있었습니다. 나라는 사람이 가족, 친구, 직장 동료와의 관계로만 사는 것이 아니라 세상 모든 사람과 서로 영향을 주고받으며 더불어 살아가는 존재임을 느낄 수 있었습니다.

마지막으로 아름다운 상태에 머무르려는 노력을 계속할 수 있었습니다.

인도의 철학자 프리타지는 우리 마음은 아름다운 상태와 고통 상태, 두 가지로만 이루어져 있다고 말하며 두 스님의 이야기를 들려줍니다.

불법을 전파하고 수도원으로 돌아가던 예스미 스님과 노미 스님은 가던 길을 잠시 멈춰야 했습니다. 강가에서 한 여자가 울고 있었기 때문입니다. 예스미 스님이 그녀에게 물었습니다.

"여기서 왜 울고 있나요?"

"아이가 집에서 기다리고 있는데 물이 불어서 강을 건널 수가 없어요. 빨리 가야 하는데……."

그 말을 들은 예스미 스님은 그녀를 안고 강을 건넜습니다. 그리고 다시 길을 걸었습니다. 한참 길을 가고 있는데 노미 스님이 입을 열었습니다. 그의 목소리는 다소 격양되어 있었습니다.

"예스미 스님, 당신이 무슨 일을 했는지 알고 있습니까?"

"네, 알고 있지요."

"수도원에서 우리는 여자를 봐선 안 된다고 배웠습니다. 그런데 당신은 여자에게 다가가 말을 걸었어요. 우리는 여자와 말을 섞으면 안 된다고 배웠습니다. 그런데 당신은 여자를 만졌습니다. 우리는 여자를 절대 만져서는 안 된다고 배웠습니다. 그런데 당신은 여자를 안아서 옮기기까지 했어요. 당신은 스님 자격이 없습니다."

그러자 예스미 스님은 이렇게 말했습니다.

"노미 스님, 당신이 하신 말씀은 다 맞는 말씀입니다. 하지만 저는 그 여자를 삼십 분 전에 이미 내려놓았습니다. 그런데 노미 스님은 아직도 그 여자를 안고 계시나요?"

이 이야기에 나온 예스미 스님은 충만함, 평온, 기쁨, 용기 등의 아름다운 상태를, 노미 스님은 스트레스, 괴로움 등의 고통 상태를 나타냅니다. 노미 스님은 여자를 만나기 전부터 여자를 돕는 동안, 그리고 그 일이 지난 이후까지 불안해했습니다. 마음의 불안이 문제를 복잡하게 만들고 이성적인 사고를 방해했습니다. 반면 예스미 스님은 온전히 현재에 연결되어 있었습니다. 스승님의 가르침이 준 과거에 갇혀 있지도 않고, 스승님의 가르침을 어겼다고 해서 미래를 불안해하지도 않았죠. 아름다운 마음 상태에서 현명히 문제를 해결했고 이후에는 그 일에서 완전히 벗어났습니다.

과거의 저는 철저하게 노미 스님의 모습이었습니다.

'오늘 너무 힘들게 일했어. 쉬어야 해. 그런데 퇴근하고 또 아이들을 돌봐야 하니 오늘도 쉬긴 글렀군.'

힘들게 일했다는 과거에 갇혔고, 퇴근하고 마주할 미래를 불안해했습니다. 지금은 어떨까요? 지금도 여전히 노미 스님일 때가 많습니다. 다만 노미 스님의 모습을 알아차리고 과거보다 더 빨리 빠져나올 수 있게 되었지요.

문득 그런 생각이 들었습니다.

'만약 내가 아프지 않았다면 지금 나는 어떻게 살고 있을까? 마음의 소리를 듣지 못하고 여전히 힘겹게 달리고 있지 않았을까?'

잠시나마 건강을 잃었다는 사실이 처음으로 감사하게 느껴졌습니다. 그로 인해 제게 일어난 변화와 깨달음이 더욱 소중하게 느껴졌습니다.

'컵에 물이 반밖에 없네.'라는 생각이 들 때 '컵에 물이 반이나 차 있다고 생각해야 한다.'라고 다그칠 필요가 없었습니다. 물이 반밖에 없다고 생각했던 내 마음을 살펴주는 것으로 충분했습니다. 반밖에 없던 물은 나도 모르는 사이 반이나 차 있었습니다.

나만의 시간을 가져야 행복한 육아가 시작된다

군인인 저는 직업 특성상 한 지역에서 오랫동안 근무하기가 어렵습니다. 1~2년 단위로 한 지역에서 다른 지역으로 옮기는 것이 보통이지요. 인사발령에 따라 언제든 주말부부로 지내야 할 가능성이 큽니다. 주말부부를 할 것 같다고 주변에 이야기하면 항상 듣는 말이 있습니다.

"야, 정말 좋겠다. 나도 주말부부 하고 싶다. 도대체 전생에 무슨 공을 세운 거야?"

"주말부부가 어떤 점이 좋을까요?" 하고 물어보면 돌아오는 대답도 비슷합니다.

"퇴근 후 육아하지 않고 쉴 수 있어서 좋다.", "아내 잔소리 듣지 않아서 좋다.", "눈치를 안 보고 하고 싶은 것 할 수 있어서 좋다.", "게임 실컷 할 수 있어서 좋다.", "그냥 아무것도 안 하고 멍하니 있는 것만으로도 좋다." 등의 이유를 나열합니다. 한마디로 말해 나만의 시간을 갖고 싶다는 것이죠.

저도 그렇습니다. 가끔 아내가 아이들을 데리고 처가댁에 갔다 오겠다고 할 때가 있습니다. 한껏 표정 관리를 하며 "혼자 애들 데리고 다녀오려면 힘들 텐데 괜찮겠어?" 하고 말하지만 입꼬리가 올라가는 것은 숨길 수가 없습니다. 산타할아버지가 오시는 날을 손꼽아 기다리는 아이처럼 저 역시 그 날을 손꼽아 기다리지요.

일본의 정신건강 전문의 나코시 야스후미는 그의 책 《혼자만의 시간이 필요한 이유》(책이있는풍경)에서 현대인들은 단단하게 묶여 있는 소속 집단에서 자기 자신을 잃어버린다고 말합니다. 실제로 그렇습니다. 직장에서의 성과, 부모로의 역할에 쫓기다 보면 어느 날 갑자기 '내가 무엇 때문에 살고 있지?'라는 생각과 마주할 때가 있습니다. 마음은 나를 돌아볼 수 있는 혼자만의 시간을 원하고 있었는데 그것이 필요하다는 사실조차 인식하지 못하고 살아가고 있는 것이죠.

마음공부를 하면서 제 삶을 살펴보았습니다. 저 역시 일과 가족이 전부더군요. 아침에 출근했다 퇴근하면 가족과 시간을 보내고, 또 다음날 출근하는 나날의 연속이었습니다. 내 인생인데 정작 나를 위한 시간이 없었습니다. 나의 행복을 위해 나만의 시간을 만들어야겠다고 생각했습니다.

보조양육자이자 직장인 아빠 처지에서 나만의 시간을 만드는 것은 생각만큼 쉽지 않았습니다. 퇴근 후 아이들과 함께하는 시간도 얼마 되지 않는데 내 시간 좀 갖겠다고 말하기가 어려웠지요. 아이들을 재운 후에나 나만의 시간이 가능한데 우리 집 아이들은 좀처럼 일찍 잠자리에 들지 않았습니다. 늘 놀 시간이 부족하다며 아쉬워했죠. 자기 싫어하는 아이들에게 망태할아버지와 도깨비 이야기를 꺼내며 실랑이를 벌이다 다음날 출근 걱정에 결국 아무것도 하지 못하고 잠을 청하는 날이 반복되었습니다. 그래서 작전을 바꿔보았습니다.

'싫은 소리 하며 아이들과 씨름하느니 아이들 재울 때 같이 자고 새벽에 일어나자.'

9시가 되면 잘 준비를 하고 제가 먼저 침대에 누웠습니다. 잘 분위기를 만든 후 아이들이 잠들기를 기다리지 않고 제가 먼저 잠이 들었습니다. 아이들도 먼저 잠든 아빠를 보며 자연스럽게 잠을 청했고 늦어도 10시 전에는 모두가 꿈나라로 향할 수 있었습니다. 알람은 새벽 5시에 맞추었습니다. 일찍 잠자리에 드니 5시에 일어났는데도 수면 시간이 무려 7시간이나 되더군요.

'아이를 낳기 전 그렇게 어렵던 미라클 모닝이 이렇게 되는 건가?'

새벽에 벌떡벌떡 일어나는 제 모습에 웃음이 나왔습니다. 처음에는 출근하는 것이 다소 피곤했지만 금방 익숙해졌습니다. 컨디션에 따라 기상 시간을 4시로 당기기도 했습니다. 아이들과 씨름을 하며 재울 때는 1시간 갖기도 어려웠던 나만의 시간이 이제는 매일 아침 3시간 이상 생긴 것입니다.

새벽에 나만의 시간을 가지게 된 후 처음 했던 일은 컴퓨터를 켜는 것이었습니다. 스포츠 하이라이트 영상과 기사를 보며 하루를 시작했죠. 예능 프로그램도 챙겨보고 유명하다는 게임도 해보았습니다. 절로 스트레스가 풀리는 것 같았습니다. 하지만 그것도 잠시, 얼마간의 시간이 지나고 나니 아쉬움이 느껴지기 시작했습니다.

'결혼하기 전에야 남아도는 것이 혼자만의 시간이었지만 지금은 달라. 어떻게 만든 소중한 시간인데 게임만 하고 있을 순 없어. 계획을 세우고 그동안 시간이 없다는 이유로 못했던 것들을 해보자.'

우선 명상으로 하루를 시작했습니다. 마음을 고요하게 만든 후 전날 있었던 일들을 기록하며 하루를 반성했습니다. 성인이 되고 멀어졌던 책도 꺼내 들었습니다. 육아서를 본격적으로 읽으면서 부모의 역할, 아이의 발달 과정에 대한 이해를 높일 수 있었습니다. 고전을 읽으며 마음에 와 닿는 부분을 필사하기도 했습니다. 아무것도 모르던 경제에도 관심을 가졌고, 내 집 마련을 위해 부동산 공부도 했습니다. 당연히 스포츠 하이라이트를 보는 것도 빼놓지 않았습니다.

나만의 시간을 보다 생산적으로 바꾼 후 무엇보다 좋았던 점은 내가 계속 발전하고 성장한다는 느낌이었습니다. 쳇바퀴처럼 반복되고 정체된 것 같았던 하루하루가 즐겁고 행복해졌습니다. 육아서는 아이와의 관계를 더 좋게 만들었고, 고전독서와 필사는 직장에서 보고서를 쓰거나 교육을 하는 데 도움이 되었습니다. 부동산에 대해 공부하면서 무주택자에서 벗어날 수 있었습니다. 이처럼 작은 변화는 제 삶을 더욱 풍요롭게 만들었습니다.

나만의 시간은 주말에도 이어졌습니다. 본격적으로 책을 읽기 시작하면서 매주 토요일 아침 7시에 열리는 독서모임을 알게 되었습니다. 시간에 맞춰 독서 모임 장소에 도착하기 위해서는 이른 새벽부터 집을 나서야 했지만 피곤한 줄 몰랐습니다. 새벽이슬과 함께 좋아하는 음악을 들으며 걷는 것 자체가 저를 행복하게 했으니까요. 좋은 사람들과 좋은 이야기를 하며 좋은 에너지를 주고받으니 마음이 더욱 풍성해졌습니다.

일과 육아에 지쳐있던 제게 처음 필요했던 것은 자신을 발견하는 과정이었습니다. 이를 통해 내 행복이 무엇보다 중요함을 알게 되었습니다. 행복은 스스로 챙겨야 한다는 깨달음은 나만의 시간으로 이어졌습니다. 누구의 간섭도 받지 않고 하고 싶은 일을 할 수 있는 나만의 시간 그 자체가 행복이었죠. 그 시간은 나의 성장으로 이어질 때 더욱 빛을 발했습니다.

게임을 해야 스트레스가 풀린다면 게임을 해야 합니다. 다만 내 삶 전체에서 게임이 어느 정도로 필요한지는 한 번쯤 살펴보는 것이 필요합니다. 게임을 할 때 느끼는 행복도 좋지만, 나만의 시간이 나의 성장과 연결되면 더 큰 행복을 느낄 수 있기 때문입니다. '삶은 자신을 발견하는 과정이 아니라 자신을 창조하는 과정이다.'라고 했던 아일랜드 극작가 조지 버나드 쇼의 말처럼 말이죠.

실제로 가족을 타지에 두고 주말부부를 하는 선배들을 만나면 저는 항상 묻습니다.

"선배, 주말부부 하니까 정말 좋아요?"

제 질문에 거의 모든 선배가 이렇게 답합니다.

"아니. 뭐니 뭐니 해도 가족은 함께 있는 것이 최고야. 아이들이 자랄 때 함께 있는 것만큼 소중한 것은 없어."

우리에게 필요한 것은 주말부부가 되는 것이 아니라 눈치 보지 않고 혼자 있을 수 있는 잠깐의 시간입니다. 일과 육아로부터 완전히 해방되는 그 시간이 즐거운 직장 생활과 행복한 육아의 원동력이 되어줄 것입니다.

작은
성취의
나비효과

일과 육아에서 벗어난 나만의 시간은 정말 소중했습니다. 아이들과 놀이할 때는 그렇게 더디게 흘러가던 시간이 혼자 있을 때는 순식간에 지나갔지요. 어렵게 확보한 나만의 시간을 그냥 보낼 수 없었습니다. 자기계발서를 펼치고 성공한 이들의 습관을 따라 했습니다. 꿈 리스트도 적어보고 연간, 월간, 주간 계획도 구체적으로 세웠지요. 나만의 시간을 성장의 기회로 삼고자 했습니다.

나만의 시간이 자기계발과 연결되면서 제 삶의 만족도는 크게 높아졌습니다. 직장 동료와 친구들은 자투리 시간도 알차게 사용하는 제 모습에 엄지를 치켜세웠습니다. 스스로도 그런 제 모습이 마음에 들었습니다.

하지만 성장의 기쁨은 그리 오래가지 않았습니다. 꿈을 향해 달려가는 모습이 언제부턴가 힘겹게 느껴졌기 때문입니다. 알맹이는 그대로인데 자기계발이라는 옷을 입은 겉모습만 화려해지는 것 같았습니다.

'꿈을 향해 열심히 달려가고 있는데 왜 이렇게 스트레스를 받을까?'

제 모습을 객관적으로 살펴보니 두 가지 문제를 발견할 수 있었습니다.

먼저 하려고 하는 것이 너무 많았습니다.

새벽 기상, 자격증 따기, 영어, 독서, 운동, 제2외국어, 코딩, 부동산 공부… 나만의 시간을 통해 제가 하려고 했던 것들입니다. 안 하던 자기계발을 한꺼번에 하려다 보니 부작용이 나타날 수밖에 없었습니다. 사놓고 펼치지 못한 책이 책장에 쌓였고, 비싼 강의를 듣고 내 것으로 소화하지도 않은 채 또 다른 강의를 결제하는 일이 반복되었죠. 만족감을 주지만 실제로는 에너지를 소비하고 감각을 마비시키는 행동을 '그림자 위안'이라고 하는데 자기계발 중독을 성장이라고 착각한 제가 딱 그 모습이었습니다.

두 번째 문제는 비교였습니다.

한 자기경영 프로그램에 참여했을 때 일입니다. 자기계발에 관심 있는 사람들이 많이 모여서인지 그 열기가 대단했습니다. 하루에 서너 시간만 자면서 영어 공부와 경제 공부를 하는 사람, 서너 개의 독서 모임에 참여하는 사람, 일 년에 책을 200권, 300권 읽는 사람… 감탄이 절로 나오는 사람들이 수두룩했습니다. 그들로부터 좋은 영향을 많이 받았지만, 마음 한쪽엔 이런 생각이 떠나지 않았습니다.

'나는 왜 그들만큼 하지 못할까? 직업적으로나 환경적으로나 내가 그들보다 바쁜 것도 아닌데……. 나의 열정이나 간절함이 부족한 건 아닐까?'

다른 사람, 또는 이상적인 내 모습과의 비교는 스스로를 조급하게 만들었습니다. 자기계발을 위한 노력이 비교를 만나면서 역효과를 불러온 것입니다.

무엇이 문제인지 알았으니 개선을 해야 했습니다. 강박으로 바뀐 자기계발을 다시 즐거움으로 돌리고 싶었습니다. 다른 사람들의 모습이나 높은 이상과 비교하지 않고 나만의 속도에 맞춰 성장하겠다고 다짐했습니다. 이를 위해 '(될 수 있으면) 쉽게, 꾸준히, 즐겁게'라는 기준을 세웠습니다.

'쉽게'는 작은 목표를 말합니다.

목표가 너무 크면 얼마 가지 못하고 지칠 가능성이 큽니다. 독서의 중요성을 깨닫고 세운 저의 첫 독서 목표는 '1년에 50권 읽기'였습니다. 1주일에 1권을 읽는 정도이니 나름 현실적인 목표라고 생각했습니다. 처음 한 달은 쉽게 성공했습니다. 두 번째 달도 어렵지 않게 5권을 읽었지요. 하지만 수준이 달랐습니다. 권수에 집착하다 보니 얇고 쉬운 책만 찾았기 때문입니다. 책을 읽고 생각할 시간은 갖지 못한 채 페이지 넘기는 데 급급했지요. 1주일에 1권이면 나름 현실적인 목표라 생각했지만, 아직 독서습관이 제대로 자리 잡지 않은 제게는 버거운 목표였다는 것을 깨달았습니다. 목표를 수정했습니다. '1년에 책 50권 읽기' 대신 '매일 1쪽 읽기'로 바꿨습니다. '매일 1쪽 읽기'는 실천에 부담이 없었습니다. 쉬운 책만 찾을 필요도, 권수에 집착할 필요도 없었습니다. 바쁠 때는 1쪽만 읽고 여유 있을 때 여러 쪽을 읽으며 작은 성공을 이어나갔습니다. 비로소 책이 주는 기쁨을 누릴 수 있었습니다.

'꾸준히'는 적은 목표입니다.

성공의 경험이 중요하다는 것을 알게 된 저는 큰 목표들을 잘게 쪼갰습니다. '매일 책 1쪽 읽기', '하루 10분 명상하기', '나의 하루 기록하기', '격일로 30분 이상 운동하기', '영어 문장 10개 외우기', '1문장 필사하기', '인터넷 강의 1강 듣기'와 같은 것들이었죠. 습관 표에 작은 목표들을 적고 성공할 때마다 동그라미를 그리며 뿌듯해했습니다. 그런데 여기서도 문제가 발생하더군요. 성공하기 쉬운 작은 목표도 여러 개가 모이니 덩치가 급격히 커진 것입니다. 시간이 지날수록 습관 표에는 동그라미 대신 X표가 많아지기 시작했습니다. 결국, 목표 수를 줄였습니다. 우선순위를 정해 목표가 3개를 넘지 않도록 했고, 각각의 습관이 자연스럽게 실천할 수 있는 단계에 오르면 새로운 습관을 추가했습니다. 덩치를 줄인 덕분에 다시 성취의 즐거움을 느낄 수 있었습니다.

'즐겁게'는 공유와 보상입니다.

성공한 많은 이들은 목표를 마음에 품고 있을 때보다 주변에 알릴 때 달성 확률이 높아진다고 말합니다. 저는 블로그를 통해 저의 목표와 작은 습관들의 진행 상황을 기록했습니다. 그러자 재밌는 일이 일어났습니다. 단순히 저의 하루를 기록했을 뿐인데 제 글을 읽고 격려해주시는 분들이 생기기 시작한 것입니다. 온라인 공간에서 자신의 삶을 기록하고 습관을 잘 실천하고 계신 다른 분들과 연결되었죠. 얼굴도, 이름도 잘 모르지만 그들의 격려와 응원은 제가 습관을 이어나가는 데 큰 즐거움이 되었습니다. 그렇게 목표를 이루고 나면 나를 위한 작은 선물도 잊지 않았습니다.

마지막으로 '쉽게, 꾸준히, 즐겁게'라는 원칙 앞에 '될 수 있으면'이라는 단어를 붙였습니다.

매일 꾸준히 계획한 바를 실천하는 것을 목표로 하지만 그것에 얽매이지 않기 위해서입니다. 예전의 저는 아무리 피곤해도 어떻게든 습관 기록을 이어나가야 한다는 강박감이 있었습니다. 즐거워야 할 자기계발이 스트레스로 바뀐 주원인이었죠. 지금은 그렇지 않습니다. 컨디션이 좋지 않으면 습관에 얽매이기보다는 확실히 게을러지는 것을 선택합니다. 대신 충분히 휴식을 취한 다음 다시 습관을 계속하는 데 집중합니다. 3걸음 앞으로 갔다가 2걸음 뒤로 가더라도 다시 3걸음 앞으로 나가면 속도는 느리더라도 꾸준히 앞으로 나갈 수 있으니까요.

작은 성공에 집중한 결과는 어땠을까요? 그 해 1년 동안 업무에 도움이 되는 자격증을 2개나 딸 수 있었습니다. 1년 중 330일 동안 독서를 했고, 빠짐없이 하루를 기록했습니다. 문제집 하나 끝까지 풀지 못했던 저로서는 무언가를 꾸준히 한다는 것 자체로 의미가 충분했던 한 해였습니다.

육아에서도 만족스러운 성과가 있었습니다. 엄마 껌딱지인 아이들과의 관계를 좀 더 발전시키고자 연초에 '아이들로부터 아빠랑 자고 싶다는 이야기 듣기'라는 목표를 세웠습니다. 이를 위해 '퇴근 후 5분 아이에게 집중하기', '아이 목욕시키기', '잠들기 전 아이에게 책 읽어주기', '잠들기 전 아이에게 사랑한다고 말하기'와 같은 작은 습관을 만들었습니다. 매일 칼 같이 지키기는 못했지만, 루틴을 지키지 못하는 날들이 연속적으로 이어지지 않도록 노력했습니다.

그렇게 습관을 6개월 정도 실천하던 어느 날 밤이었습니다. 딸아이가 부스럭부스럭 제 옆으로 건너오더니 이렇게 말하더군요.

"오늘은 아빠랑 잘래."

너무나 듣고 싶었던 소리였기에 딸아이의 그 말에 울컥했습니다. 외적 보상에 의한 것이 아니고 아이의 마음에서 나온 소리였기에 더욱 감동이었지요. 다음날 딸아이는 언제 그랬냐는 듯이 다시 엄마 품에 안겼습니다. 여전히 아이들은 엄마 껌딱지이지만 저 혼자 아이들을 돌볼 때 엄마를 찾지 않고 제 곁에서 잘 자는 것으로 만족하고 있습니다.

'(될 수 있으면)쉽게, 꾸준히, 즐겁게.'

누군가는 아무것도 아닌 작은 습관이 뭐 그리 대단한 것처럼 말하느냐고 할지도 모르겠습니다. 그렇습니다. 제가 말씀드린 목표는 마음만 먹으면 쉽게 할 수 있는 것들입니다. 하지만 분명한 것은 성공이라고 말하기에도 뭐한 이 작은 습관들이 반복되자 제 삶이 변했다는 것입니다. 하루를 기분 좋게 시작하며 자존감도 높아졌고, 아이들과의 관계도 좋아졌지요. 작은 성취들이 불러올 나비효과를 여러분도 즐겨보시길 바랍니다.

성장의 도구, 하루의 기록

육아를 하다 보면 생각지도 못한 아이의 표현에 깜짝 놀랄 때가 많습니다. 첫째 아이가 다섯 살 때 일입니다. 가끔 아이에게 "아빠 엄마를 얼마만큼 사랑해?" 하고 물었는데 손으로 원을 그리며 "이만큼!" 하던 아이가 언제부턴가 사랑을 숫자로 표현하기 시작했습니다. 엄마는 항상 백만큼, 이백만큼 사랑한다고 했고, 아빠는 10만큼, 기분 좋으면 20만큼 사랑한다고 말하곤 했죠. 그러던 어느 날 밤, 첫째 아이가 침대에 누워있는 아내에게 이렇게 속삭이더군요.

"승유는 엄마를 숫자의 끝만큼 사랑해."

어디서 그런 표현을 배웠는지 알 수 없었지만, 아이의 달콤한 말에 아내도, 저도 설레고 말았습니다. 티 없이 맑은 아이의 순수한 마음을 오랫동안 기억하고 싶었습니다. 시간이 지날수록 아이의 때 묻지 않은 표현이 줄어들 것 같아 아쉬웠습니다. 그래서 기록을 시작했습니다.

블로그에 '데일리 리포트'라는 이름으로 아이와의 일상을 쓰기 시작했습니다. 아이와의 일상에서 시작했던 기록은 직장에서 깨달은 경험, 감사한 일 등으로 확장되었습니다. 그렇게 하루를 기록하다 보니 어느덧 3년이라는 시간이 흘렀습니다.

사실 데일리 리포트를 시작할 때만 해도 이렇게 오랫동안 쓸 수 있으리라고 생각하지 못했습니다. 반드시 해내고 말겠다는 뚜렷한 목표도 없었을 뿐더러 무언가를 꾸준히 쓴다는 것 자체가 굉장히 귀찮은 일이기 때문입니다. 그랬기에 데일리 리포트를 기록한 날이 1,000일이 넘었을 때 저 스스로도 많이 놀랐습니다. 꾸준함보다는 작심삼일이 어울렸던 제가 이렇게 할 수 있었던 비결은 무엇이었을까요? 그것은 기록이 제게 준 세 가지 선물 덕분이었습니다.

먼저, 하루의 기록은 일상의 소중함을 알려주었습니다.

예전의 제게 매일매일은 그저 평범한 날의 연속이었습니다. 어떻게 지내냐는 질문에 "정신없이 살지.", "뭐, 별일 없어.", "그냥 살아."라고 대답할 때가 많았죠.

여러 강연을 통해 시간의 소중함을 들어도 마찬가지였습니다. 얼마 동안은 의미 있는 하루를 보내고자 노력했지만 오래가지는 못했습니다. 이미 여러 곳에서 수없이 들었던 말이라 '다 아는 이야기'라고 생각했기 때문입니다. 하지만 하루의 기록은 달랐습니다. 일상의 소중함을 깨닫고 실제로 저의 행동이 변하도록 이끌어주었습니다.

아이들의 순수한 표현을 기록하다 보니 아이들이 성장하는 순간에 아빠가 함께 있는 것이 얼마나 중요한지 알게 되었습니다. 직장에서 느낀 경험을 기록함으로써 제가 하는 일의 의미를 찾을 수 있었고, 아내와 나누었던 대화를 기록하면서 당연하게 여겼던 아내의 희생에 감사할 줄 알게 되었습니다.

그동안 썼던 기록을 돌아보며 제가 언제 행복함을 느끼는지도 알게 되었습니다. 아이들이 미소 짓는 모습을 볼 때, 직장에서 인정받을 때, 새로운 것을 배울 때, 자산이 늘어날 때, 아프지 않을 때, 좋아하는 사람을 만날 때 등이었죠. 덕분에 '일, 가정, 나의 성장, 건강, 경제, 관계'라는 여섯 가지 분야를 제 삶의 중요한 가치로 둘 수 있었습니다.

다음으로, 하루의 기록은 제 삶의 균형을 찾는 데 도움을 주었습니다.

기록을 통해 나를 행복하게 하는 여섯 가지를 알게 된 저는 자연스럽게 그것들과 연관 지어 하루를 돌아보게 되었습니다. 덕분에 하나의 가치만을 좇는 것이 아니라 모두가 균형을 이룰 때 행복감이 오래 유지된다는 것을 느꼈습니다.

직장 일에 무척 바빴던 날을 예로 들어보겠습니다. 데일리 리포트를 쓰려고 하는데 며칠째 일과 관련된 것밖에 생각이 나지 않았습니다. 중요한 프로젝트 때문에 그간 계속 아침 일찍 출근해서 밤늦게 집에 왔으니 그럴 수밖에요. 하루를 기록하다 보면 이런 순간, 자연스럽게 지금 내 삶이 '일' 쪽으로 치우쳐 있음을 알 수 있습니다. 그리고 현재 상황에서 나를 행복하게 하는 다른 가치들과 균형을 이룰 방법을 찾아볼 수 있게 해줍니다.

중요한 프로젝트로 야근을 계속해야 하는 상황이라면 어떤 방법이 있을까요? 퇴근 후 운동을 하지 못하더라도 '건강'을 위해 점심을 먹고 산책을 합니다. 저녁에 아이들과 시간을 보내지 못하더라도 '가정'을 위해 저녁 식사 후 전화로 아이들과 충분한 대화를 나눕니다. 프로젝트가 끝난 후 아내의 자유 시간을 약속하며 고생하는 아내에게 감사한 마음을 한 번 더 표현합니다.

이런 노력 덕분에 저는 일과 가정의 균형을 무조건 50:50으로 만들어야 한다고 여기지 않게 되었습니다. 50:50이면 물론 좋겠지만 60:40, 또는 70:30인 상황에서도 59:41, 69:31로 만들기 위해 생각하고 노력하는 것이 더 중요하다는 것을 알게 되었습니다. 그러한 노력이 가족을 한마음으로 뭉치게 하고 나의 행복감 또한 높여주었기 때문입니다.

그뿐만 아니라 하루를 기록하면서 내 몸과 마음이 지쳐있음을 발견할 때도 많았습니다. 모니터 앞에 앉아 아이들에게 화를 냈던 순간을 떠올리면 정말 별것 아닌 일로 감정이 올라왔었다는 것을 느낄 때가 있습니다. 가만히 생각해 보면 일이나 경제적 고민, 관계에서 벌어진 피로감이 아이들에게 이어질 때가 많았죠. 하루의 기록은 고맙게도 내 몸과 마음이 지쳐가는 순간을 좀 더 빨리 알아차리도록 해주었습니다. 내가 지쳐있다는 것을 인지하는 것만으로도 아이들에게 화를 덜 낼 수 있었고, 회복하는 방법도 빨리 찾을 수 있었습니다. 아내와 아이들에게 양해를 구하고 잠깐이라도 나만의 시간을 갖는 등의 방법을 통해서요.

마지막으로 기록은 그 자체로 자산이 되었습니다.

데일리 리포트에는 아이들이 내뱉는 재미있는 표현은 물론 다친 아이를 보며 속상했던 감정, 무조건 아빠와 결혼하겠다던 딸아이가 좋아하는 남자 아이가 생기더니 바로 말이 바뀐 이야기 등 소소한 일상이 담겨있습니다. 개인적으로는 이 기록이 저의 자산이기도 하지만 제가 아이들에게 줄 수 있는 최고의 선물이라고 생각합니다. 그 안에 우리 가족의 삶과 아이들을 사랑하는 제 마음이 고스란히 녹아있기 때문입니다.

시간이 많이 흐른 후, 아이들이 성인이 되었을 때를 상상해 봅니다. 어렸을 때 내가 했던 말과 행동, 그리고 자신을 바라보는 부모의 마음을 읽었을 때 아이들은 어떤 감정을 느낄까요? 적어도 내가 부모로부터 정말 소중하고 사랑받은 존재라는 것을 느낄 수 있을 것입니다. 이를 통해 아이들의 자존감이나 자기 효능감이 조금이라도 커진다면 그보다 더 좋은 것이 없을 겁니다. 자신을 사랑하는 마음이야말로 급격히 변화하는 사회에서 아이들이 꼭 가지고 있어야 할 자산이니까요.

앞으로 아이들이 마주할 세상은 우리가 마주하는 세상보다 훨씬 더 어려울지 모릅니다. 자라난 아이들이 힘든 일을 겪고 뒤를 돌아보고 싶을 때, 엄마 아빠가 언제나 나를 응원하고 지지해준다는 것을 제 기록을 통해 느꼈으면 좋겠습니다.

기록은 하루아침에 나의 인생을 바꿔주지는 않습니다. 하지만 나도 모르는 사이에 내 삶을 의미 있고 긍정적인 방향으로 이끌어줍니다. 기록은 숙제가 아닙니다. 매일 쓸 필요도 없고, 길게 쓸 필요도 없습니다. 그저 내게 주어진 하루를 돌아보며 그 속에 숨겨진 한 줄을 찾는 것만으로 충분합니다. 평범한 오늘이 나라는 역사의 한순간이 되도록 만들어보세요.

힘들면
힘들다고
말하세요

"가끔 남편에게 속이 터질 때가 있어요. 표정이나 행동을 보면 분명 뭔가 불만이 있는데 물어보면 항상 아무 일도 없다고 하거든요. 별일 없다면서 말도 하지 않고 한숨만 쉬어요. 제게 화를 내거나 이상한 거로 트집을 잡지는 않지만 표현하지 않는 남편이 답답합니다."

"어제저녁 퇴근해서부터 기분이 별로 좋지 않아 보이더군요. 아니나 다를까 묻는 말에 대답도 없고 밥도 먹는 둥 마는 둥 하더라고요. 그러다 냉장고에서 유통기한 지난 식재료를 찾아 꺼내놓고는 "왜 사다 놓고 안 먹어서 음식을 썩히느냐?", "돈이 남아도느냐?" 잔소리를 합니다. 직장에서 받는 스트레스를 집에서 푸는 건 정말 지질한 것 아닌가요?"

남편에 관한 두 아내의 이야기입니다. 한 사람은 기분이 좋지 않을 때 입을 닫아버리고, 다른 한 사람은 화를 냅니다. 표현 방식은 다르지만 두 사람에게는 공통점이 있습니다. 본인의 불만이나 힘든 점을 아내에게 이야기하지 않는다는 점입니다.

남녀 관계에 관한 고전과도 같은 책 《화성에서 온 남자, 금성에서 온 여자》(동녘라이프)의 저자 존 그레이는 남자들이 본심을 숨기는 방법에 대해 다음과 같이 말합니다.

'남자들은 불안하거나 두려울 때 공연히 큰소리를 치거나 화를 낸다.'

'남자들은 분노나 비탄의 감정을 수치심으로 덮어 가린다.'

'남자들은 화나거나 두렵거나 실망했거나 낙담했거나 부끄러울 때 아무렇지도 않은 척 평온을 가장한다.'

도대체 남자들은 왜 그럴까요?

EBS 다큐프라임 〈남자의 마음〉에 나온 스웨덴 연구팀의 실험에서 그 힌트를 찾을 수 있습니다. 연구팀은 타인의 표정을 보고 남자와 여자의 얼굴 근육이 얼마나 움직이는지를 측정하고 이를 통해 감정을 얼마나 표현하는지 살펴보았습니다. 실험 결과는 예상한 바와 같았습니다. 여성은 타인의 표정을 보는 시간이 늘어날수록 그 표정에 공감하고 따라 했지만, 남성은 그렇지 않았습니다. 타인의 표정을 보는 시간이 늘어날수록 무표정으로 변하는 경우가 많았지요. 여성과는 달리 의식적으로 감정과 표정을 감추었던 것입니다.

연구팀은 신생아들을 대상으로도 같은 실험을 해 보았습니다. 그랬더니 놀라운 결과가 나왔습니다. 예상과 달리 신생아들은 남자아이들이 여자아이들보다 더 풍부하게 감정을 표현한 것입니다. 남자아이들이 감정 표현에 무딘 이유가 생물학적인 원인이 아니라 사회문화적인 요인에 의한 것임을 추론할 수 있는 부분입니다.

최근에는 국가 차원에서도 성인지 감수성을 높이기 위한 여러 가지 노력이 이루어지고 있지만, 아직도 많은 남자는 남성성에 대한 고정관념을 가지고 있습니다. 유발 하라리는 그의 책 《사피엔스》(김영사)에서 남성에 대해 이렇게 말합니다.

'남성은 자신의 남성성을 잃을까 봐 끊임없이 두려워하며 살아간다. 역사를 통틀어 남성들은 오로지 남들에게서 '그는 진짜 남자야'란 말을 듣기 위해서 기꺼이 생명의 위험을 무릅쓰거나 심지어 목숨을 바쳐왔다.'

남자들은 '남자'임을 증명하기 위해 늘 강해야 했습니다. 함부로 눈물을 흘리거나 감정 표현을 해서는 안 된다고 배웠죠. 남자들의 세계에서 힘들다고 하는 것은 곧 패배를 의미하는 경우가 많았기 때문입니다.

저 역시 남성에 대한 고정관념에서 벗어나 있지 않습니다. 앞선 두 이야기 중에서 감정을 말로 표현하지 않고 입을 꾹 닫아버렸던 첫 번째 남편은 사실 제 모습이었습니다.

과거의 저는 직장에서 있었던 일을 아내에게 거의 이야기하지 않았습니다. 힘든 일은 더더욱 입을 닫았죠. 기쁨은 나누면 배가 되지만 힘든 일은 말한다고 해서 절반으로 준다고 생각하지 않았습니다. 아내가 괜한 걱정을 할 것 같았고, 제 자신도 약한 모습을 보이는 것 같아 싫었습니다.

아내에게 불만이 생길 때도 마찬가지였습니다. 부끄럽지만 저는 가끔 아내의 말에 꽁한 마음이 들 때가 있었습니다. 아내는 평상시와 똑같이 행동했고 저를 공격하는 의도가 전혀 없었는 데도 말이죠. 곰곰이 생각해보면 대부분의 경우가 제가 직장 일이나 다른 고민으로 지쳐있었을 때였습니다. 다른 곳에서 받은 스트레스가 괜히 아내의 말과 표정을 오해하게 만든 것입니다. 또한, 꽁해 있으면서도 이를 표현하는 것은 남자답지 못한 행동이라고 생각했습니다. 티는 다 내면서 입만 꾹 다물고 있는 것이야말로 남자답지 못한 행동인데 말입니다.

철옹성 같았던 남자다움에 대한 고정관념은 감정을 바라보는 연습을 하면서 조금씩 깨지기 시작했습니다. 힘든 일이 있거나 불만이 있을 때 괜찮은 척하며 감춘 마음이 결코 없어지지 않고 마음 깊숙이 쌓이고 있다는 것을 알게 되었죠. 표현하지 않는 제 모습이 저는 물론 우리 가족 모두에게 아무런 도움이 되지 않는다는 것이 보였습니다. 이후 저는 제 마음에서 일어나는 감정들을 조금씩 솔직히 아내에게 말하기 시작했습니다.

직장에서 실수한 일, 상사에게 혼난 일이 힘들다고 말하는 남편을 아내는 어떻게 받아들였을까요? 아내는 제 이야기에 적극적으로 공감해주었습니다. 남자답지 못하다고 눈치를 주기는커녕 고생한다며 저를 더 배려해주었죠. 아내가 괜한 걱정을 하는 것을 염려했지만 아내의 격려는 제게 큰 힘이 되었습니다. 마치 예전부터 아내가 걱정해주길 바라고 있었던 것처럼요.

"서로 사랑하고 배려하라."

결혼식 때 주례선생님이 해주신 첫 번째 조언이었습니다. 살면서 셀 수 없을 만큼 들었던 말입니다. 과거의 저는 힘들어도 내색하지 않는 것, 불만이 있어도 참고 이해하는 것이 가족에 대한 사랑이자 배려라고 생각했습니다. 하지만 그건 진짜 사랑과 배려가 아니었습니다. 사랑이라는 가면을 썼을 뿐, 진짜 나는 불만에서 벗어나지 못하고 있었으니까요. 두 아이의 아빠가 된 지금에서야 주례선생님이 말씀하신 사랑과 배려가 무엇인지 조금은 알 것 같습니다. 진짜 사랑과 배려는 참고 왜곡하는 것이 아니라 내 마음을 온전히 표현하고 받아들이는 데서 시작한다는 것을요.

가족을 대하는 나의 모습을 생각해봅시다. '남자다움' 때문에 말하지 못하고 있는 걱정이 있나요? 진짜 고민은 따로 있는데 그 스트레스가 가족에게 짜증이나 화로 발현되고 있지는 않나요?

내가 힘들 때 나를 가장 잘 이해해줄 수 있는 사람은 가족입니다. 나의 진짜 마음을 가장 사랑하는 가족에게 꺼내 보세요. 힘들 때는 힘들다고 말할 수 있어야 합니다. 솔직하게 표현하고, 해결책을 찾아가는 것. 그것이야말로 진짜 남자다운 행동입니다.

Chapter 4

아빠 육아, 이래서 필요합니다

아빠라는 존재의 의미

선배 중에 회식을 참 좋아하는 분이 계셨습니다. 회식을 거절하고 집에 일찍 들어가려는 후배들에게 웃으며 이런 말씀을 많이 하셨죠.

"야, 아빠는 필요 없어. 아빠는 그냥 돈만 꼬박꼬박 벌어다 주면 되는 거야. 아빠는 가만히 있는 것이 도와주는 거라고!"

비단 회식 때가 아니더라도 그동안 우리는 이런 말을 참 많이 들었습니다. 잘 알지도 못하면서 아내와 대립각을 세우느니 자녀 교육은 전적으로 아내에게 맡기는 것이 좋다는 그럴듯한 논리와 함께 말이죠. 과연 그럴까요?

결론부터 말하면 이 말은 완전히 틀렸습니다. 아무리 좋은 엄마라도 아빠의 역할을 대신하기엔 한계가 있습니다. 아빠는 그 존재 자체로 아이에게 엄청난 영향을 미치기 때문입니다.

먼저 아빠는 아이가 첫 번째로 만나는 타인으로서 의미가 있습니다.

엄마 뱃속에서 나온 아이는 엄마와 자신을 구분 짓지 못합니다. 여전히 엄마와 자신을 하나의 몸으로 인식하지요. 엄마는 안아달라고 울면 안아주고, 배고프다고 울면 젖을 물려줍니다. 바깥세상은 확실하게 구분하지만, 엄마와의 경계는 모호하기 때문에 아이는 엄마와 자신을 구분 짓지 못합니다.

'정상적 공생관계'라고 부르는 이 시기가 지나면 아이는 비로소 엄마로부터 분리될 준비를 합니다. 이때 중요한 것이 아빠의 존재입니다. 이 세상이 엄마와 자신으로만 이루어졌다고 믿었던 아이는 아빠를 통해 처음으로 다른 세계를 느낍니다. 그리고 아빠와의 관계를 바탕으로 새로운 세상을 탐험합니다. 엄마와 분리되어도 세상은 안전한 곳이라고 느끼며 자신의 세계를 확장해 나가지요. 반면 이 시기에 아빠가 그러한 역할을 하지 못한다면 아이는 엄마에게 더욱 집착합니다. 낯선 것들을 자신과 임마의 관계를 방해하는 것으로 생각하고 큰 불안을 느낍니다.

문제는 아이가 엄마와의 분리를 정상적으로 하지 못한 채 성장할 때 발생합니다. 이들은 몸은 다 자랐지만 다른 이들과의 관계를 맺는 데 큰 어려움을 느낍니다. 친밀해질수록 상대에게 의존하거나 상대를 혼자서 소유하려 하지요. 아빠의 존재가 아이의 정체성에 얼마나 많은 영향을 미치는지 증명하는 예입니다.

또한, 아빠의 부재는 아이들의 이성 관계에도 영향을 미칩니다.

그중에서도 딸들의 이성 관계에 미치는 영향이 큽니다. 예전에 참여했던 명상 수업에서 이와 관련한 사례를 접할 수 있었습니다. 수업의 주제는 내 삶에서 반복되는 부정적 패턴과 그 원인을 나누는 것이었는데, 수업에 참여했던 한 여자분이 이런 말씀을 하셨습니다.

"저는 남자관계에 있어 늘 수동적이었습니다. 내 마음에 드는 남자를 찾기보다는 나에게 관심을 보이는 사람들에게 쉽게 마음을 열었죠. 의사 표현을 적극적으로 하지 못하다 보니 남자친구가 성관계를 원할 때 내키지 않아도 거절하지 못했습니다. 헤어지자는 통보도 항상 남자 쪽에서 먼저 했어요. 한 번도 제가 먼저 헤어지자는 말을 꺼내지 못했습니다.

명상을 통해 상처 받은 내면 아이를 살펴보니 아빠를 그리워하는 제가 있더군요. 어렸을 때부터 아빠를 볼 수 있는 날이 거의 없었어요. 사업을 하셨던 아빠는 늘 밖에 계셨고 한 달에 한두 번 보는 것이 고작이었죠. 어른이 된 저는 아빠에게 받지 못한 관심을 다른 남자에게서 찾았던 것 같아요. 항상 누군가가 저를 원하길 바랐어요. 저보다 수준이 낮은 남자들과 주로 만나면서도 상대가 떠나갈까 두려워했습니다."

이야기 끝에 그녀는 아버지의 부재가 자신에게 이렇게까지 영향을 미쳤으리라고는 상상도 하지 못했다면서 눈물을 흘렸습니다. 당시 막 딸아이를 낳았던 저로서는 그분의 말씀이 큰 충격이었습니다. 아빠가 아이를 학대한 것도 아니고, 권위적인 것도 아니었는데 그렇게나 안 좋은 영향을 미쳤다니요. 아픈 경험을 나누어준 그분 덕분에 아빠의 존재 의미, 역할에 대해 깊이 생각해 볼 수 있었습니다.

아버지의 부재가 여성의 이성 관계에 미치는 영향은 여러 연구 결과에서도 드러납니다. 그중 하나가 2017년 펜실베이니아대학의 대니얼 델프리오어 교수가 미국 심리학회 〈성격 및 사회심리학 저널(Journal of Personality and Social Psychology)〉에 기고한 '아빠의 부재가 딸의 남자관계에 미치는 영향(The Effects of Paternal Disengagement on Women's Perceptions of Male Mating Intent)'이라는 연구 결과입니다. 미국 내 여성들을 대상으로 어린 시절 부모와의 관계와 현재 이성과의 관계를 조사한 결과 어린 시절 아빠의 사랑을 충분히 받지 못한 여성일수록 더 빨리, 더 많은 남자와 관계를 맺었다고 발표했지요. 흥미로운 것은 엄마의 사랑을 충분히 받지 못한 여성에게는 특별히 그런 경향이 없었다는 점입니다. 어디서 이런 차이가 발생하는 것일까요?

델프리오어 교수는 아빠와 많은 시간을 보낸 딸일수록 이성을 더 자세히 보기 때문이라고 말합니다. 아빠의 충분한 보살핌 속에서 자란 딸은 다정함, 든든함 등 좋은 배우자의 역할과 덕목을 자연스럽게 알게 됩니다. 그리고 훗날 이성을 판단하는 데 있어 이러한 덕목들을 중요하게 여깁니다. 반면 아빠와의 관계가 소원한 딸은 남자의 자질을 상대적으로 덜 따졌습니다. 단순히 외모가 끌려서, 또는 나를 좋아한다는 이유로 쉽게 만남을 시작할 가능성이 상대적으로 높았습니다. 딸을 가진 아빠로서 막중한 책임감이 느껴지는 연구 결과가 아닐 수 없습니다.

아빠의 부재는 단순히 아빠가 없는 것을 말하지 않습니다. 한 공간에 있지만, 아빠가 아빠의 역할을 전혀 하지 않는 상태를 포함하지요. 육아를 경험하고 아빠의 부재가 아이의 인생에 미치는 여러 사례를 들으면서 양육에도 때가 있음을 느낍니다. 그 시기를 놓치게 되면 이후 그로 인한 빈틈을 메꾸기가 여간 쉽지 않다는 것도 알게 되었죠.

좋은 아빠가 되겠다고 다짐을 하지만 현실이 부담되는 것 또한 사실입니다. 직장에서의 제 역할, 앞으로의 미래, 가족의 경제문제 등을 생각했을 때 야근이나 회식을 마냥 거부할 수도 없으니까요. 그럴 때면 저는 미국의 오바마 대통령을 떠올립니다.

오바마 대통령은 가정적인 것으로 유명합니다. 그는 일주일에 다섯 번 이상 가족과 저녁 식사를 하는 것을 백악관에서의 첫 번째 규칙으로 정했습니다. 당연히 참모들은 불만이 많았지요. 동료 정치인과 저녁 만찬을 하며 민감한 문제도 해결하고 기부 행사를 통해 후원금도 모아야 하는데 대통령이라는 사람이 가족 식사가 더 중요하다고 하니 이해가 가지 않을 수밖에요. 하지만 오바마 대통령은 가족과의 저녁 식사시간을 칼 같이 지켰습니다. 그의 수행원이었던 레기 러브는 이렇게 회상합니다.

"오바마 대통령의 가족 식사는 꼭 상황실 회의 같았다. 그는 6시 30분만 되면 하던 일을 대담하게 끊고 식사하러 갔다."

미합중국의 대통령은 세계에서 가장 바쁘고 무거운 중압감을 받는 직업 중 하나입니다. 그런데도 오바마 대통령은 자신의 삶에 가족을 매우 높은 순위에 두고 일했습니다. 물론 군인인 저는 오바마 대통령처럼 6시 30분에 하던 일정을 멈추고 집으로 식사하러 가지는 못합니다. 갑작스레 중요한 일이 떨어지면 당연히 야근도, 주말 출근도 해야 하지요. 그래도 제게 주어진 환경 안에서만큼은 가족을 최우선 순위에 두고 일하려고 노력합니다.

누군가는 우스갯소리로 아빠의 무관심이 최고라고 말합니다. 하지만 조금만 들여다보면 그렇지 않다는 사실을 알 수 있습니다. 아빠는 존재 자체로 아이에게 엄청난 영향을 미칩니다. 그 영광스러운 자리를 바쁘다는 이유로 놓치지 않았으면 좋겠습니다.

아이를 바른길로 이끄는 아빠 육아

친구 같은 아빠에 대해 어떻게 생각하시나요? 아빠 육아의 중요성이 알려지면서 아이들과 스스럼없이 장난치며 재미있게 노는 아빠들이 늘어나고 있습니다. 내 아버지는 권위적이었지만 나는 친구 같은 아빠가 되겠다고 다짐하는 아빠들이 많지요. 저 역시 TV 속 아빠들처럼 친구 같은 아빠가 되고 싶었습니다. 그런데 아이들이 커갈수록 조금 혼란스러워지더군요. 친구처럼 지낼수록 점점 버릇이 없어지고, 말도 잘 듣지 않았기 때문입니다. 조금씩 생각이 바뀌기 시작했습니다. 아이들과 친하게 지내더라도 친구가 되어서는 안 되겠다고 생각했죠. 더불어 아빠가 반드시 해야 할 일에 대해 알게 되었습니다. 그것은 아이를 제한하고 한계를 깨우쳐주는 일이었습니다.

프랑스의 아동발달심리학자 디디에플뢰는 그의 책 《아이의 회복탄력성》(글담)에서 '좌절과 결핍을 경험하지 못한 아이는 작은 독재자가 되어 부모의 권위를 빼앗고 폭군이 된다.'고 말했습니다.

일본의 정신분석학자 오카다 다카시 역시 그의 책 《아버지 콤플렉스 벗어나기》(이숲)에서 비슷한 주장을 펼쳤습니다. 그는 '아이들이 사회에서 제 몫을 하는 성인으로 성장하기 위해서는 어머니가 쏟아붓는 애정에 빠져 지내지 않고 욕망에 한계를 부여하는 과정이 필요하다고 강조했습니다. 그리고 이를 위해 무엇보다 아빠의 역할이 중요하다고 말했습니다.

왜 아빠일까요? 아이가 좌절과 한계를 경험하게 하는 일이 아빠에게 더 적합한 이유는 아이가 아빠와 엄마에게서 느끼는 존재론적 차이에서 비롯됩니다. 앞장에서 살펴보았듯이 아이에게 엄마는 자신의 욕구를 채워주는 풍요로운 세계입니다. 내가 필요로 하는 것이 엄마에 의해 충족되면서 아이는 자신을 세상의 중심으로 인식하고 자기애를 쌓아가지요. 반면 아이에게 아빠는 엄마가 가지고 있지 않은 힘을 가진 새로운 세계입니다. 특히 아이의 눈에 신과 같은 엄마가 아빠의 권위를 인정할수록 아이가 느끼는 아빠의 힘은 더욱 강해집니다. 그리고 아빠는 이 힘을 바탕으로 아이에게 사회의 규율과 엄격함을 가르칠 수 있습니다.

그래서 아빠에게는 권위가 필요합니다. 아빠의 권위는 아이를 온실 속 화초처럼 키우지 않습니다. 스스로 자신의 욕구를 제어하고 규칙을 따르며 성장하게 해 줍니다. 아빠가 자녀교육에 적극적으로 참여하는 유대인 가정에서 아빠만 앉을 수 있는 의자가 따로 있다는 것 역시 이와 무관하지 않을 것입니다.

그렇다고 권위만 있어서는 안 됩니다. 권위도 있어야 합니다. 권위만 있는 아빠는 무서움의 대상이지만 권위도 있는 아빠는 존경을 받습니다. 아이와 친하게 지내면서 권위도 있는 아빠가 되는 것, 어렵지만 아빠의 이런 노력은 우리 아이들이 이 세상을 살아가는 데 큰 도움이 될 것입니다.

아빠의 놀이가 미래형 인재를 만든다

"의사 55%, 사회복지사 46%, 초등교사 61%, 택시 기사 88%, 시각디자이너 57%."

2017년 고용정보원에서 발표한 10년 후 인공지능 및 로봇에 의한 직업 대체율입니다. 몇 년 전까지만 해도 사람들은 이러한 전망을 피부로 체감하지 못했습니다. 막연히 언젠가는 그렇게 될 것으로 생각했지요. 하지만 이미 우리는 그렇게 변화하는 사회에 살고 있습니다. 승차 공유서비스 기업 우버는 현재 미국의 몇 개 도시에서 자율주행 택시를 시범 운행 중이고, 의료 인공지능 왓슨은 사람이 눈으로 찾아내기 힘든 암세포를 잡아내어 치료에 도움을 주고 있습니다. 미국의 아마존 고 매장에서는 물건을 살 때 계산대를 거칠 필요가 없습니다. 물건을 집고 가게를 나오면 자동으로 결제가 이루어지기 때문입니다. 인공지능과 로봇이 전통적으로 인간이 하던 일을 점차 대체하고 있는 것입니다.

미래 사회에 대해 히브리대학 역사학 교수 유발 하라리는 다음과 같이 이야기합니다.

"지금 학교에서 배우는 것의 80~90%는 아이들이 40대가 됐을 때 별로 필요 없는 것일 가능성이 큽니다. 30~40년 후 세상이 어떨지 알 수는 없지만 분명한 것은 지금과 완전히 다르다는 것입니다. 지금 아이들에게 알려줄 수 있는 가장 중요한 기술은 '어떻게 우리가 모르는 것에 직면하면서 살 수 있을까'가 아닐까요."

한국 고용정보원 역시 비슷한 전망을 했습니다. 2019년 발표한 '10년 뒤 가장 중요한 직업능력'에 따르면 위기대처능력이 1위, 대응력이 2위를 차지하고 있습니다. 5년 전 1위를 차지했던 '열정'은 9위로 밀려났지요. 예측 불가능한 사회에서는 높은 열정보다는 변화에 빨리 적응하는 능력이 더욱 중요함을 알 수 있습니다.

많은 전문가는 아빠의 적극적인 육아 참여가 아이들의 위기대처능력과 대응력을 키우는 데 도움이 된다고 말합니다. 그중에서도 아이와 놀 때 아빠에게서 나타나는 특성이 문제 상황에서 포기하지 않고 이를 해결할 힘을 길러준다고 합니다. 과연 아빠의 놀이는 어떤 특징을 갖고 있기에 우리 아이가 미래 사회를 살아가는 데 도움이 된다고 할까요?

아빠의 놀이는 틀에 갇히지 않고 자유롭습니다.

EBS 다큐멘터리 〈아버지의 성〉에 나온 몇 가지 실험을 통해 그 차이를 알 수 있습니다. 촬영팀은 고무찰흙을 책상 위에 올려놓은 후 아빠가 아이와 놀아주는 모습과 엄마가 아이와 놀아주는 모습을 비교하였습니다.

먼저 엄마들은 대부분 정형화된 형태로 아이들과 놀았습니다. 노랑 찰흙으로는 바나나를, 보라 찰흙으로는 블루베리를 만들었습니다. 아이가 블루베리에 다른 색 찰흙을 섞으려 하자 엄마는 이를 막으려 했고, 색깔이 뒤죽박죽 섞인 찰흙을 보고는 무섭다고 표현했습니다. 현실에서 볼 수 있는 틀에서 벗어나려 하지 않은 것입니다.

반면 아빠들은 아이가 스스로 무언가를 만들도록 이끌고 격려해주었습니다. 색감이나 형태를 신경 쓰지 않고, 색도 자유롭게 섞으며 놀았습니다. 색깔이 뒤죽박죽 섞인 찰흙을 보고는 멋지다고 표현했고, 아이가 만든 것에 아빠가 만든 것을 합쳐 새로운 작품을 만들기도 했습니다.

10분 동안 아이와 자유롭게 놀아주는 실험에서도 마찬가지였습니다. 엄마들은 앞선 실험과 마찬가지로 정형적이고 정적인 놀이를 주로 했습니다. 한자리에 앉아 전형적인 역할놀이인 소꿉놀이, 병원놀이 두 가지에만 집중했지요. 놀이 상황이라도 원칙에 어긋나거나 위험한 행동은 용납하지 않았습니다. 전체적인 놀이 역시 엄마가 주도했습니다.

반면 아빠들의 놀이는 이번에도 달랐습니다. 아빠는 남자 놀이와 여자 놀이를 구분하지 않고 방에 있는 여러 가지 장난감을 가지고 놀았습니다. 아이가 선택한 놀이에 호응해주고 놀이방도 전체적으로 사용했지요. 엉뚱한 놀이를 제안하기도 하고, 서로 다른 장난감을 접목하면서 아이에게 새로운 자극을 주었습니다. 전체적으로 아빠의 놀이는 움직임이 많고 예측 불가능했습니다.

마지막으로 엄마 놀이에는 아빠 놀이에서 볼 수 없었던 한 가지 특징이 있었습니다. 바로 놀이를 학습으로 연결하는 경우가 많았다는 점입니다. 엄마들은 아이들에게 장난감이 몇 개인지 물어보고, 찰흙으로 숫자를 만들어 아이에게 가르치려 했습니다. 아이가 제대로 수를 세면 엄마의 목소리는 미세하게 밝아졌습니다. 하지만 놀이를 학습과 연결하는 순간, 아이의 흥미는 떨어질 수밖에 없습니다. 아이가 원하는 것은 놀이를 가장한 학습이 아니라 얻고자 하는 목적 없이 즐길 수 있는 놀이 그 자체일 테니까요. 학습, 정형화된 틀, 통제보다는 주도성과 몰입이 있는 아빠의 놀이처럼 말이죠.

해당 실험에 참여한 서울사이버대학교 상담심리학과 옥정 교수는 아빠의 놀이와 엄마의 놀이 중 무엇이 더 좋고 나쁘다기보다는 두 가지가 적절히 조화되어야 한다고 말했습니다. 다만 미래 사회에서 요구되는 직업능력에 비춰 볼 때 아빠의 놀이가 점점 더 중요해지는 것은 분명한 사실입니다. 빠른 사회 변화에 적응하려면 자기 주도적으로 변화를 즐길 줄 알아야 하기 때문입니다. 그 시작이 바로 아빠의 놀이입니다.

문제해결력과 자기통제력을 길러주는 몸 놀이

아빠 놀이가 좋다는 것은 알았는데 막상 아이와 어떻게 놀아야 할지 모르겠다는 아빠들이 많습니다. 역할놀이를 하려니 어색하고, 특히 여자아이 장난감들은 더욱 낯설게 느껴진다고 하지요. 어린 시절, 놀이의 경험이 부족한 아빠라면 그렇게 느끼는 게 당연합니다.

아이와 어떻게 놀아줘야 할지 모르겠다면 일단 밖으로 나가면 됩니다. 밖으로 나가는 순간 아이들과 놀면서 나도 모르게 바닥에 드러눕는 일이 없어집니다. 아이가 계속해서 TV를 보려고 하는 일도 없어지지요. 그러니 될 수 있으면 아내의 도움 없이 아이들만 데리고 밖으로 나갑시다. 멀리 가지 않아도 좋습니다. 집 근처에서 공놀이를 하거나 동네 뒷산에 오르는 것으로도 충분합니다. 아이들이 아빠와 나가고 싶어 하지 않는다면 아이스크림의 힘을 빌려도 좋습니다.

야외 놀이는 어떤 점이 좋을까요? 야외는 아이들의 문제해결력을 길러주기에 더없이 좋은 장소입니다. 야외는 실내보다 덜 보호되며, 환경적으로 낯선 것들을 마주할 가능성이 크기 때문이지요. 낯선 상황에서 아이는 아빠를 통해 도전할 용기를 얻습니다. 놀이터에서는 철봉에 거꾸로 매달리고,

풀밭에서는 무서움을 이기고 사마귀도 잡아봅니다.

야외에서는 사고의 스펙트럼도 넓어집니다. 아이들이 집에서와 밖에서 소꿉놀이할 때의 모습을 비교해 보면 그 차이를 알 수 있습니다. 집에서 소꿉놀이를 하면 아이들은 주방놀이용으로 사놓았던 장난감만 가지고 놉니다. 정해진 용도와 쓰임에서 크게 벗어나지 않습니다. 반면 숲에서는 다릅니다. 흙과 나뭇가지, 이파리와 돌멩이는 맛있는 반찬이 되기도 하고 근사한 접시가 되기도 합니다. 아이들은 자신들이 필요로 하는 것을 스스로 찾고 스스로 해결합니다.

야외에서는 돌발 상황도 많이 일어납니다. 하지만 아빠가 정한 울타리 안에서는 크게 당황하지 않습니다. 아이에게 처음으로 자전거 타는 법을 가르칠 때를 생각해볼까요. 아이가 넘어져도 아빠는 "아이고, 내 새끼!" 하고 달려가지 않습니다. 바지를 툭툭 털어주고 웃으며 괜찮다고 말하지요. 놀란 아이는 그런 아빠의 모습을 보고 빠르게 안정을 찾습니다. 넘어지는 것이 별일 아니라는 것을 깨닫고 다시 페달을 밟습니다.

아빠들 역시 낯선 야외에서는 다양한 상황을 마주합니다. 여행지에서 길을 잃으면 주변 사람에게 물어보기도 하고, 캠핑장에서 부족한 물품이 있으면 빌리거나 빌려주기도 합니다. 그런 아빠의 모습을 옆에서 바라본 아이는 우리가 다른 사람들과 어떻게 상호작용을 하는지, 문제가 생겼을 때 어떻게 해결할 수 있는지를 자연스럽게 배웁니다. 아빠와 자주 바깥에 나가는 아이들에게는 이러한 경험이 차곡차곡 쌓여 급속히 변화하는 세상에 대처

하는데 큰 힘이 됩니다.

미세먼지 등으로 밖에 나가기가 어렵다면 아빠에게는 몸 놀이라는 필살기가 있습니다. 아빠의 신체 놀이가 아이에게 미치는 영향 또한 여러 가지 연구나 실험을 통해 그 효과가 증명되었습니다. 호주 뉴캐슬대학 '아빠와 가족 연구 프로그램'의 리처드 플레처 박사는 아빠와의 신체 놀이가 많은 아이가 그렇지 않은 아이보다 공격성이 낮다는 연구 결과를 발표했습니다. 몸 놀이는 불규칙해서 아이를 놀라게 하거나 갑작스러운 흥분을 느끼게 하는데 이를 '아빠'라는 든든한 울타리 안에서 경험함으로써 감정을 통제하는 법을 자연스럽게 배우기 때문입니다.

몸 놀이를 할 때 아이의 모습을 관찰해 보세요. 아이를 번쩍 들어 올려 비행기 놀이를 하면 아이는 설레는 표정을 감추지 못합니다. 아이와 씨름을 하면 얼굴이 빨개지도록 온 힘을 다해 덤벼듭니다. 숨바꼭질을 할 때도 마찬가지입니다. 계속 찾는 척하면서 아이가 숨어있는 곳으로 한발 한발 다가가 보세요. 들키지 않으려 바짝 긴장한 표정으로 몸을 웅크리고 있는 아이가 보일 것입니다. 아빠의 몸 놀이가 아이에게 얼마나 다양한 자극을 주는지 알 수 있습니다.

야외 놀이와 몸 놀이는 분명 아빠가 엄마에 비해 잘할 수 있는 일입니다. 그러니 아이와 어떻게 놀아야 할지 모르겠다면 일단 밖으로 나갑시다. 집에서는 몸을 활용해서 아이들과 함께 신나게 놀아봅시다. 피곤한 몸을 일으켜 밖에 나가 아이와 뒤엉켜 놀았을 뿐인데, 아이들 마음에는 문제해결력과 자기 통제력이 자라고 있을 것입니다.

아이는
모든 것을
기억합니다

〈굿 윌 헌팅〉이라는 영화를 아시나요? 탄탄한 각본, 젊은 맷 데이먼과 이제는 만날 수 없는 로빈 윌리엄스의 궁합이 돋보였던 작품으로 많이 기억하실 것입니다.

주인공 윌(맷 데이먼)은 수학, 법학, 역사학 등 모든 분야에 뛰어난 재능을 보인 천재입니다. 하지만 불우한 어린 시절로 인해 마음의 문을 닫고 MIT 대학의 청소부로 일합니다. 여느 날과 다름없이 청소하던 윌은 우연히 복도 칠판에 적힌 수학 문제를 발견합니다. 세계에서 몇 명밖에 풀지 못하는 어려운 문제였지만 윌은 차분히 답을 써나갑니다. 다음 날, 칠판을 확인한 MIT 수학 교수 제럴드 램보는 정확한 풀이 과정을 보고 깜짝 놀랍니다. 그러고는 곧바로 문제를 푼 학생을 찾아 나섭니다. 청소부 윌이 그 주인공임을 알게 된 램보 교수는 그를 제자로 삼고 싶어 합니다. 하지만 윌은 이를 거절합니다. 교수가 가져다주는 수학 문제는 쉽게 풀면서도 공식적인 연구진이 되거나 기업의 면접을 보는 것에는 엄청난 거부감을 보이지요. 그뿐만 아니라 입에 욕을 달고 살고, 아무 데서나 담배를 뻑뻑 피워대며, 명성 있는 교수들을 비아냥거립니다. 램보 교수는 그런 윌의 모습에서 깊은 상처를 발견합니다. 그리고 정신과 의사이자 교수인 친구 숀(로빈 윌리엄스)에게 그를 부탁합니다. 영화는 숀을 만난 윌이 조금씩 마음을 열어가는 과정을 담고 있습니다.

세계에서 몇 명만 풀 수 있다는 수학 문제를 해결한 천재 윌은 왜 그 능력을 펼치기를 거부했을까요? 이에 대한 답을 찾기 위해선 먼저 윌의 어린 시절을 살펴봐야 합니다. 고아였던 윌은 입양가정에서 자랐습니다. 그의 새아빠는 알코올 중독자였지요. 어린 윌은 술 취해 들어오는 아빠에게 이유도 모른 채 맞는 날이 많았습니다. 계속되는 새아빠의 폭언과 폭행에 윌은 결국 마음의 문을 닫아버립니다. 아빠를 향한 마음이 아니라 자기 자신을 향한 마음을 말이죠. 윌은 아빠가 나쁜 사람이라고 생각하지 못했습니다. 오히려 자기 자신을 문제가 있는 아이라고 여겼습니다. '내가 잘못해서 아빠를 화나게 한다. 내가 부족하니까 아빠가 나를 때린다. 그러므로 나는 맞아도 되는 아이다.'라고 생각했습니다.

상식적으로 잘 이해가 가지 않습니다. 누가 봐도 새아빠의 잘못이 명백한데 새아빠가 나쁜 사람이라는 생각을 하지 못하다니요. 윌이 그렇게 생각했던 이유는 당시 그가 고작 세 살의 어린아이였기 때문입니다. 윌이 중학생만 되었더라도 그는 새아빠의 폭력에 어느 정도 대응할 수 있었을 겁니다. 아빠의 폭력을 피해 도망갈 수도 있고, 왜 나를 때리느냐고 항의할 수도 있었겠지요. 못 견디겠다 싶으면 친구 집이나 친척 집으로 떠날 수도 있었을 테고요.

하지만 세 살 아이는 스스로 무언가에 저항하기가 어렵습니다. 가족을 떠난다는 상상 역시 할 수 없습니다. 그에게 새아빠(가족)를 떠난다는 것은 곧바로 생존의 문제, 즉 죽음과 연결되기 때문입니다. 세 살 아이는 비록 때리는 아빠더라도 곁에 아빠가 있기를 바랍니다. 그렇기에 아빠에게 맞아도 아빠가 나쁜 사람이라고 생각할 수 없습니다. 가엾은 세 살 윌은 그렇게 자기 자신을 향한 문을 닫아버린 채 성장했습니다.

성인이 된 윌은 이제 더는 아빠에게 맞지 않습니다. 하지만 그의 무의식은 여전히 아빠를 떠나지 못하는 어린 시절에 갇혀 있습니다. 그렇기에 세계 최고의 수학 문제를 풀어낼 수 있으면서도 정작 자신을 세상에 드러내는 것은 두려워합니다. 마음에서 윌의 내면 아이가 '넌 그럴 자격이 없어. 넌 부족해. 네 수준에는 청소부가 어울려.'라고 외치고 있으니까요.

윌의 상처를 알게 된 숀 교수는 그에게 다가가 이렇게 말합니다.

"It's not your fault. It's not your fault. It's not your fault."

네 탓이 아니야. 네 탓이 아니야. 네 탓이 아니야.

네 잘못이 아니라는 숀 교수의 말은 성인이 된 윌의 내면 아이가 그토록 듣고 싶었던 말이었습니다. 윌은 숀 교수의 품에 안겨 하염없이 눈물을 흘립니다. 그리고 20년 가까이 자신을 괴롭혔던 무의식의 상처에서 마침내 벗어날 수 있게 됩니다. 더는 자신을 문제아라 여기지 않고 진짜 나의 삶을 살 수 있게 된 것이죠. 이일준 정신과 의사의 특강에서 들었던 <굿 윌 헌팅>에 대한 해석은 제게 큰 충격을 주었습니다. 무의식이 한 사람의 인생을 그토록 지배하고 있으리라고는 상상도 하지 못했기 때문입니다.

성인지 부모 강연에서 들었던 다른 예 역시 의미가 깊었습니다.

놀이터에서 어린아이들이 놀고 있는데 갑자기 한 여자아이가 울음을 터뜨렸습니다. 장난기 많은 남자아이가 치마를 들어 올리는 '아이스께끼' 장난을 친 것입니다. 우연히 이 모습을 본 남자아이의 어머니가 여자아이에게 다가와 이렇게 이야기합니다.

"아이고, 우리 OO가 또 장난을 친 모양이구나. 아주 속상하지? 아줌마가 대신 사과할게. 사실 OO가 너를 좋아해서 그래. 남자아이들은 꼭 그런 식으로 관심을 표현하더라."

얼핏 남자아이의 어머니는 여자아이의 마음을 살갑게 어루만져 준 것처럼 보입니다. 하지만 그녀는 여자아이에게 매우 잘못된 메시지를 전달하였습니다. 엄마는 아들의 행동이 잘못되었다고 말하지 않았습니다. 오히려 내 아이의 행동은 괴롭힘이 아니라 호감의 표현이라는 그릇된 성 의식을 심어 주었죠. 설령 남자아이의 장난이 여자아이를 좋아하는 마음에서 비롯되었다 해도 그런 행동은 명백한 성추행, 성추행이라는 걸 알려줬어야 했지만 그렇게 하지 않았습니다.

성인지 교육을 들어보면 아직도 우리나라의 많은 여자아이가 '남자의 괴롭힘은 호감이다.', '남자아이의 괴롭힘을 견뎌야 한다.'라는 사회적 시선을 겪고 있다고 합니다. 이런 경험이 누적된다면 어떻게 될까요? 남자아이는 여자를 함부로 대해도 되는 존재로 잘못 인식할 수 있고 여자아이는 성추행을 당하더라도 확실한 거부 의사를 말하지 못할 수 있습니다. 나의 이성은 당신의 행동이 잘못되었다고 말하려 하지만 그 순간에 내 마음의 내면아이가 불쑥 나타나 이렇게 말하기 때문입니다.

'남자가 나에게 호감이 있어서 하는 행동인데 굳이 말을 꺼내 관계를 훼손시킬 필요가 있을까?'

결국, 여자아이는 아무 행동도 취하지 않고 넘어갑니다. 하지만 시간이 흘러 이성이 명확해지면 당시 거부하지 못한 자신의 모습을 후회하게 될 것입니다.

성인이 된 우리는 얼핏 나의 주관, 나의 선택대로 사는 것처럼 보입니다. 하지만 실제로는 나조차 기억하지 못하는 과거에 많은 영향을 받습니다.

저는 어렸을 때부터 '얌전하다.', '착하다.', '너희 부모님은 걱정할 것이 없겠다.'라는 말을 많이 듣고 자랐습니다. 저 자신도 그런 아이인 줄 알고 살았죠. 과연 저는 정말 얌전하고 착한 아이였을까요? 어른이 된 후 심리학 책을 접하고 명상을 하면서 그건 진짜 내 모습이 아니었다는 것을 알게 되었습니다. '진짜 나'는 착한 행동도 하고 나쁜 행동도 하는데 주변 사람들의 평가로 인해 제 자신을 '얌전해야 하는 아이', '착해야 하는 아이'로 정의해 버린 것이죠.

'착한 아이 콤플렉스'에 빠진 저는 그동안 자기감정을 솔직하게 표현하지 못했습니다. 화가 나고 짜증이 나도 일단 참으려 했고 좀처럼 감정을 드러내지 않았습니다. 당연히 다른 사람의 부탁도 잘 거절하지 못했지요. 지금의 저는 억지로 착한 사람이 되려고 노력하지 않습니다. 과거의 경험에 지배받고 있었다는 것을 깨달았기 때문이죠. 여전히 쉽진 않지만 어려운 부탁은 거절할 줄도 알게 되었고 시기하는 마음, 미워하는 마음이 들어도 억지로 좋은 생각으로 바꾸려 하지 않습니다. 그것도 나의 일부라고 받아들입니다. 그것이 진짜 제 모습이니까요.

영화 〈인사이드 아웃〉에서 열한 살 소녀 라일리는 무의식과 의식 속에 쌓인 핵심 기억으로 살아갑니다. 우리 아이들도 마찬가지입니다. 아이들은 결코 아무것도 모르지 않습니다. 어렸을 때 일을 전혀 기억하지 못하는 것 같아도 그의 내면 아이는 당시의 상황과 감정을 기억하고 있습니다. 지금 내가 하는 말과 행동, 표정, 그리고 마음이 우리 아이가 살아가는 전 과정에 영향을 미친다는 사실을 꼭 기억해야 합니다.

아빠의 삶이 곧 육아다

부모와 자녀 관계는 끊임없이 변합니다. 아이들이 어렸을 때는 부모에게 절대적으로 의존하지만, 학교에 가고 친구를 사귀면서 조금씩 부모에게서 독립하지요. 언제부턴가 주말에 같이 놀러 가자는 아빠의 말이 귀찮게 느껴지고 자신도 모르게 엄마에게 짜증을 내기도 합니다. 질풍노도의 시기를 거친 아이는 시간이 흘러 결혼을 하고 아이를 낳고서야 비로소 부모님의 삶을 이해하기 시작합니다. 한없이 커 보였던 부모님의 흰머리와 주름살을 보면서 말이죠.

그런데 여기, 성인이 되어서도 권위적인 아버지를 두려워하고 그 근거를 낱낱이 기록한 사람이 있습니다. 《변신》, 《성》, 《심판》 등과 같은 작품으로 유명한 체코의 소설가 프란츠 카프카입니다. 그는 서른한 살, 창작 활동이 절정에 달했던 시기에 장장 45쪽에 이르는 편지를 아버지에게 씁니다. 후세에 《아버지에게 드리는 편지》로 전해진 그의 작품에는 아버지에 대한 애정과 반항, 분노와 혐오, 체념과 죄의식의 감정이 절절히 녹아있습니다.

프란츠 카프카의 아버지 헤르만은 식사 자리에서 쩝쩝거리지 말 것, 빵을 반듯이 자를 것, 음식을 흘리지 말 것, 식사시간에는 식사만 할 것 등을 강조하였습니다. 하지만 그의 집에서 그가 정한 규율을 가장 잘 지키지 않는 사람은 바로 아버지 헤르만 자신이었습니다. 그는 늘 쩝쩝거리며 식사를 하고, 소스가 잔뜩 묻은 칼로 빵을 잘랐습니다. 부스러기는 언제나 그의 자리 밑에 가장 많았고, 식사시간에 손톱을 깎거나 귀를 후비기도 했습니다.

프란츠 카프카는 《아버지께 드리는 편지》에서 이렇게 말합니다.

"아버지, 부디 제 말을 잘 이해해주십시오. 그런 일들은 그 자체로서야 하등 의미가 없는 사소한 일들이었겠지요. 하지만 저에게 가늠할 수 없는 권위를 지닌 아버지라는 분이 제게 어떤 지침을 부과하시고서 자신은 그에 따르지 않았기 때문에, 제 마음은 무거워졌습니다. 그로 인해 저의 세계는 분열되고 말았지요."

카프카는 아버지로 인해 자신이 인식하는 세계가 세 개로 분열되었다고 했습니다. 첫 번째는 프란츠 카프카 자신이 사는 세계입니다. 카프카는 자신이 있는 곳을 '노예의 세계'라고 여겼습니다. 나에게만 적용되는 납득할 수 없는 명령이 가득했기 때문입니다. 두 번째는 '아버지의 세계'입니다. 아버지의 세계는 카프카의 세계와 무한히 떨어져 있습니다. 아버지는 그곳에서 납득할 수 없는 명령을 내리지만 본인은 이를 전혀 지키지 않았습니다. 마지막은 카프카와 아버지를 제외한 '다른 사람들이 사는 세계'입니다. 그들은 카프카와는 달리 명령과 복종에서 벗어나 자유롭고 행복하게 살고 있었습니다.

한참 꿈과 희망을 품어야 할 나이에 자신을 노예라고 여겼던 카프카. 그

곳에서 자유롭고 행복하게 사는 다른 사람을 바라보는 그의 심정은 어땠을까요? 편지를 읽은 저는 어린 카프카가 너무 가엾게 느껴졌습니다. 카프카는 자신의 감정을 꾹꾹 눌러 담아 쓴 이 편지를 끝내 아버지에게 전하지 못했다고 합니다. 성인이 되어서도 아버지에게 받은 상처를 극복하지 못한 것이죠. 카프카를 생각하며 아빠의 태도가 아이에게 얼마나 큰 영향을 미치는지 다시금 생각해보게 되었습니다. 그리고 얼마 전에 인터넷 커뮤니티에서 보았던 한 사연이 떠올랐습니다.

비가 몹시 오는 날이었습니다. 배달 음식을 시켰는데 음식이 무려 1시간 30분이나 늦게 도착했습니다. 문이 열리자 배달원이 용서를 구했습니다.

"죄송합니다. 배달을 하다 넘어져 너무 늦게 도착했습니다. 돈은 받지 않겠습니다."

그러자 음식을 주문한 손님은 이렇게 말했습니다.

"다치지는 않으셨나요? 비 오는데 배달을 시킨 우리 탓에 벌어진 일입니다. 당신의 책임감 덕분에 우리 가족이 오늘 저녁 이 음식을 먹을 수 있게 되었습니다. 감사합니다."

그러면서 음식 값과 세탁 값을 배달원에게 건넸습니다.

위 사연을 남긴 사람은 빗길에 넘어진 배달원이 아니었습니다. 음식을 주문한 손님의 아들이었죠. 그는 아버지의 행동에 자신도 감동을 받았다며 돈을 많이 벌든 적게 벌든 다른 사람의 직업을 하찮게 여기면 안 된다는 글을 남겼습니다.

좋은 아빠란 무엇일까요? 많은 아빠가 남들이 인정하는 좋은 직장을 가지고 돈만 많이 벌면 아빠의 역할을 잘하는 것으로 생각합니다. 직원을 여럿 거느린 사업체를 꾸릴 정도로 자수성가한 카프카의 아버지 헤르만도 마찬가지였지요. 하지만 카프카의 고백과 인터넷 사연을 읽으며 더 중요한 것이 있음을 느꼈습니다. 그것은 나 스스로 내 삶에 부끄러움이 없어야 한다는 것입니다.

제 모습을 되돌아보았습니다. 부끄러운 장면이 여럿 떠오르더군요. 무단횡단하면 안 된다고 말해놓고선 집 앞 1차선 도로는 빨리 가자며 휙 건넜습니다. 거짓말하면 안 된다고 해놓고 놀이공원 입장료를 아끼려고 네 살 아이를 세 살 아이라고 말했고, 누워서 TV 보면 안 된다고 말하고선 제 자세는 흐트러졌을 때가 많았습니다. 자녀에게는 올바르게 살아야 한다고 해놓고 소소한 여러 규율을 스스로 지키지 않았습니다. 그 소소한 것들이 아이에게는 혼란을 줄 수 있는 데도 말이죠.

육아 방법을 익히는 것도 중요하지만 그보다 더 중요한 것은 철학이 있는 아빠의 삶입니다. 남들이 보는 틀에 맞춰 나를 바라보지 않고 부끄러움 없이 살아야 합니다. 막노동을 하더라도 내 직업과 삶을 부끄럽게 여기지 않고 아이에게 보여준다면 그의 아이는 부지런함과 근성을 저절로 체득할 수 있을 테니까요. 오늘 하루를 돌아봤을 때 적어도 나 자신에게는 미소 지을 수 있는 삶을 살도록 합시다. 아빠의 삶, 그 자체가 곧 육아입니다.

Chapter 5

육아가 쉬워지는 기술

육아서를 읽어라!

우리나라 아빠들이 자녀와 함께하는 시간, 하루 평균 6분. 2015년 OECD에서 발표한 '삶의 질' 조사 결과입니다. OECD 평균 역시 47분으로 생각보다 한참 적지만, 당연히 우리나라가 꼴찌입니다.

조사범위를 좁혀보겠습니다. 2018년 육아정책연구소에서 영유아 가구를 대상으로 한 조사에 따르면 우리나라 아빠가 아이와 함께 보내는 시간은 평균 3시간 36분입니다. 2012년 평균 2시간, 2015년 평균 3시간으로 조금씩 증가하는 추세이지만 엄마가 자녀와 보내는 평균 시간 8시간 24분에 비하면 여전히 절반에도 미치지 못합니다.

아빠가 아이와 보내는 시간이 부족한 가장 큰 이유는 당연히 직장 때문입니다. 아빠 혼자 생계를 책임지는 외벌이 가정이 많고, 맞벌이 가정이라도 아빠가 더 늦게 집에 들어오는 경우가 많습니다. 아빠들의 평균 퇴근 시간 자체가 늦기도 하지만 직장까지의 출퇴근 시간 또한 무시할 수 없는 요인입니다.

2019년, 한밭대 이창효 교수가 발표한 '학령기 자녀를 둔 맞벌이 가구의 주거입지 특성' 보고서에서도 이를 확인할 수 있습니다. 자료에 따르면 수도

권 거주 남성의 통근 시간은 배우자보다 2배가량 길었습니다. 맞벌이 부부의 경우 주 양육자인 엄마의 직장 근처로 집을 구한다는 사실을 알 수 있는 대목입니다. 절대적인 시간의 부족으로 인해 아빠가 엄마보다 적은 시간 아이를 보는 것은 어쩌면 당연해 보입니다.

함께하는 시간이 적으니 아이들은 자연스럽게 아빠보다 엄마를 더 따르게 됩니다. 저 역시 마찬가지였습니다. 아내보다 육아에 참여하는 시간이 많이 부족하다 보니 아이들은 당연히 엄마 껌딱지가 되어갔지요. 언제나 엄마 품을 먼저 찾았고 저는 뒷전이었습니다.

아이들이 집에서 엄마만 찾는 걸 한때는 편하다 여기기도 했습니다. 하지만 저를 밀치고 엄마에게 조르르 달려가는 아이의 모습에 위기감을 느낄 때가 많았습니다. 벌써 이러다가 나중에 아이들과 서먹한 사이가 되면 어쩌나 두려웠지요. 방법을 찾아야 했습니다.

목표는 간단했습니다. 나에게 주어진 적은 시간에 최대 효과를 내는 육아법을 익히는 것이었습니다. 찾아보니 참고할 정보가 차고 넘치더군요. 유튜브와 IPTV를 통해 유명한 육아 다큐멘터리를 찾아보고, 아빠 육아서도 여러 권 사서 읽었습니다.

사실 육아서나 육아 다큐멘터리를 처음 보기 시작할 때만 해도 새로운 내용이 얼마나 있겠냐 싶었습니다. 상식적이고 뻔한 이야기가 대부분일 것으로 생각했죠. 하지만 웬걸요. 책과 다큐멘터리를 통해 접한 육아 지식은 정말 새로웠습니다. 엄마들이 느끼는 감정 변화에 대해서도 알게 되었고, 육아에 대해 그동안 잘못 알고 있던 상식도 바로 잡을 수 있었습니다. 그중에서도 아이들의 발달 과정에 대한 이해는 제가 아이를 대하는 데 큰 도움이 되었습니다.

육아 지식을 익히면 마음의 여유가 생깁니다.

육아 지식을 섭렵한 후 가장 큰 변화는 아이가 떼를 쓸 때, 한결 여유롭게 대처할 수 있게 되었다는 점입니다. 예전에는 아이가 울거나 고집을 부리면 저도 똑같이 아이에게 화를 내는 경우가 많았습니다. 처음에는 아이를 달래려고 노력하지만 시간이 지날수록 감정싸움으로 이어질 때가 많았죠. 고집을 꺾지 않는 아이의 버릇을 초기에 잡아야 한다며 화를 내는 것을 정당화하기도 했습니다. 하지만 육아서에는 '떼를 쓰는 아이의 행동이야말로 아이가 잘 크고 있다는 신호'라고 말했습니다. 아이의 뇌는 감정 조절을 할 수 있을 만큼 성숙하지 못하다 보니 울며 화를 내는 것이 지극히 정상적인 과정이라는 겁니다. 오히려 우는 아이에게 "계속 울면 장난감 안 사 줄 거야.", "열 셀 때까지 울음 그쳐."와 같이 강압적인 말을 하는 제가 더 문제였지요.

육아서와 영상매체들을 통해 공부한 방법을 아이에게 적용했습니다. 적용이 쉽지 않았지만 계속하다 보니 조금씩 변화가 느껴지더군요. 가장 큰 변화는 저 스스로 감정에 휩싸이는 빈도가 크게 줄어들었다는 점이었습니다. 떼쓰는 아이의 모습이 정상적인 성장 과정이라는 것을 알고 접근하는 것만으로도 이성의 끈을 유지하면서 감정 코칭을 하는 데 도움이 된 것입니다. 이제는 아이를 훈육하더라도 웃으면서 방문을 열고 나올 수 있습니다. 이 모든 것이 선배 부모님들의 육아 지식 덕분이었습니다.

육아 지식을 익히면 아이를 제대로 이해하게 됩니다.

아이의 관심사에 대해 알게 된 것도 큰 소득입니다. 저희 부부는 자기 전에 아이들에게 책을 몇 권씩 읽어주고 잠자리에 듭니다. 그런데 큰아이는 맨날 똑같은 책만 가져와서는 몇 번이고 그 책을 읽어달라고 요구했습니다. 매번 같은 책을 계속 읽어주다 보니 지칠 수밖에요. 아이에게 책을 건성으로 읽어주거나 다른 책을 가져와야 읽어주겠다고 강요하기도 했습니다.

하지만 아이가 같은 책을 읽으려는 모습 역시 정상적인 발달 과정이었습니다. 아이는 새로운 것보다는 자신이 이미 알고 있는 것에서 안정감을 찾기 때문입니다. 육아서에는 '아이가 똑같은 책을 계속 가져오는 것이 아이의 관심사를 알 수 있는 좋은 기회'라고 적혀있었습니다. 신기하게도 그걸 알고 난 후에는 아이가 같은 책을 읽어달라고 하는 것이 힘들게 느껴지지 않았습니다. 전문가의 조언대로 아이가 가져오는 책을 더 열심히 읽어주고 관심사를 확장해주었습니다. 공룡 책은 화산 책, 화석 책으로 연결되고 지구과학 책으로도 이어졌습니다. 아이가 책과 더욱 친해진 것도 물론입니다.

육아 지식을 익히면 올바른 훈육이 가능해집니다.

육아 지식은 아이가 거짓말과 같은 예상치 못한 행동을 했을 때도 큰 도움이 되었습니다. 첫째 아이가 다섯 살 때 일입니다. 아이가 어린이집에서 작은 물건들을 하나씩 가져오기 시작했습니다. 어디서 났느냐고 물었더니 선생님께서 주셨다고 하더군요. 불길한 느낌은 틀리지 않는다고, 며칠간 아이를 지켜본 아내가 어린이집 선생님께 연락을 드렸더니 장난감을 준 적이 없다는 답이 돌아왔습니다. 아이가 몰래 물건을 하나씩 가져온 것이 확실해진 것입니다.

제 앞에서 태연히 거짓말을 하는 아이의 모습은 충격이었습니다. 이제 다섯 살밖에 되지 않았는데 벌써 이러면 어떡하나 걱정이 되었죠. 다시는 그런 행동을 하지 못하도록 따끔히 혼을 내려던 찰나 얼마 전에 읽은 책에 거짓말과 관련된 부분이 있었던 게 떠올랐습니다. 내 자식과는 상관없는 일이라 생각하고 대충 훑어보았는데 내 일이 되고 나니 심각한 마음에 얼른 다시 들춰보았죠. 피아제의 도덕발달이론에 따르면 8세 이하의 아이들은 거짓말의 진정한 의미를 이해하지 못한다고 적혀있었습니다. 이 시기 아이들의 거짓말을 나쁘게만 바라볼 필요는 없다는 말에 마음이 한결 나아졌습니다.

마음을 가라앉히고 아이에게 말을 건넸습니다.

"승유야, 방금 어린이집 선생님께 전화가 왔어. 어린이집에서 장난감이 몇 개 없어졌대. 그래서 선생님 마음이 엄청 슬프대. 승유가 혹시 장난감 가져갔으면 긴 바늘이 6에 올 때까지 소파 위에 올려줄래?"

반응을 기대했지만 아이는 묵묵부답이었습니다. 다시 말했습니다.

"승유야, 장난감이 나타나지 않아서 이따가 경찰 아저씨가 오실 수도 있나 봐. 근데 선생님께서는 어린이집 친구들을 사랑하셔서 그전에 솔직히 말해주기를 기다리고 계신대. 마음의 힘이 강한 친구들은 솔직하게 말할 수 있거든. 승유가 혹시 가져갔으면 긴 바늘이 10에 갈 때까지 소파 위에 올려줄래?"

그제야 아이는 제 말에 반응하기 시작했습니다. 눈치를 보더니 "혹시 이 장난감을 말하는 건가? 일단 여기 올려놔야겠다." 하며 며칠 동안 가지고 왔던 장난감들을 주섬주섬 올려놓았죠. 생각보다 많아서 한 번 더 놀란 것은 비밀입니다.

넌지시 아이에게 어떤 마음이었는지 물어보았습니다. 장난감이 마음에 들어서 친구랑 같이 가져왔다고 순순히 말하더군요. 아이를 윽박지르지 않고 속마음을 들을 수 있어서 참 다행이라는 생각이 들었습니다.

"아빠한테 솔직하게 말해줘서 고마워. 좋은 물건을 보면 갖고 싶은 마음이 들 수도 있어. 하지만 다른 사람 물건을 가지고 오는 것은 정말 나쁜 행동이야. 다음에 또 어린이집에서 물건을 가져오고 싶은 마음이 들면 참았다가 집에서 아빠 엄마에게 말해줘." 하고 상황을 정리할 수 있었습니다.

만약 제가 그 상황에서 아이 버릇을 고친다고 회초리라도 들었다면 어떻게 되었을까요? 아이와 저와의 관계는 더욱 멀어졌을 것입니다. 아빠는 함께하는 시간도 많지 않으면서 내 마음도 모른다고 생각할 가능성이 커졌겠지요. 혼날 것이 두려워 다음에 더 큰 거짓말을 할 수도 있을 테고요. 하마터면 그런 상황을 만들 뻔했었지만 그간 익힌 육아 정보는 아이의 감정을 다치게 하지 않으면서 잘못된 행동임을 알려줄 수 있었습니다.

육아 지식을 익히면 육아에 자신감이 생깁니다.

육아 지식은 아이들과 놀이를 할 때도 큰 도움이 됩니다. 아빠 놀이에 관한 책이나 유튜브 영상 덕분에 아이와 함께할 수 있는 여러 가지 몸 놀이를 배웠습니다. 굳이 장난감을 사지 않아도 집 안에 있는 모든 물건이 놀이도구가 된다는 것을 알게 되었지요. 상자와 휴지심으로 로봇을 만들고, 빨래 개기, 청소대장 놀이를 하며 집안일도 게임처럼 할 수 있었습니다.

이렇게 육아서를 탐독하면서 저는 육아에 대한 자신감을 조금씩 쌓을 수 있었습니다. 경험이 쌓이다 보니 이제는 육아서의 내용을 맹목적으로 따르지 않고 내 아이에게 맞는 방법을 골라 적용합니다.

육아할 때 아내에게 의지하는 버릇도 고칠 수 있었습니다. 예전의 저는 아내가 시키는 것만 잘하는 수준이었습니다. 육아를 하긴 하는데 수동적으로 하다 보니 아이와의 관계에 어색함이나 어려움을 느낄 때가 많았습니다. 하지만 자신감이 생긴 지금은 그렇지 않습니다. 혼자 아이들을 돌보거나 재우는 일도 전혀 부담스럽지 않고, 퇴근하면 제게 달라붙어 그날 있었던 일을 주절주절 말하는 아이들을 보며 관계 또한 부쩍 가까워진 것을 실감합니다.

직장인 아빠는 아이들과 함께할 시간이 부족합니다. 그렇기에 더욱더 육아 지식이 필요합니다. 이어지는 장에서는 저처럼 시간이 부족한 직장인 아빠들이 바로 써먹을 수 있는 육아 기술 몇 가지를 알려드립니다. 아직 아이가 사춘기 전이라면, 다음에 소개할 몇 가지 기술만으로도 아빠와의 시간을 즐거워하는 아이를 만날 수 있을 것입니다.

결과보다 과정을 칭찬하라

"소연아, 글씨 진짜 잘 쓴다. 천재다!"

"여진아, 너 대단하다. 98점이나 맞다니, 서울대 갈 거야!"

"승연아, 퍼즐을 잘 맞추네. 세계에서 최고다!"

칭찬에 관한 EBS 다큐멘터리 〈칭찬의 역효과〉의 한 장면입니다. 부모들은 자신의 배우자를 아이라 생각하고 주어진 상황에 맞는 칭찬을 합니다. 칭찬을 들은 배우자들은 어떤 반응을 보였을까요? 어색해서 어쩔 줄 몰라 합니다. 고개를 절레절레 흔들기도 하지요. "힘이 나요!", "자신감이 생겨요!" 하는 반응보다는 "부담이 된다.", "다음에 더 잘해야 할 것 같다." 하는 반응을 보였습니다.

이번에는 초등학교 2학년 학생들을 대상으로 3분 동안 단어 카드를 보고 기억나는 단어들을 쓰는 테스트를 해보았습니다. 아이들이 단어를 쓰기 시작하자 선생님께서 폭풍 칭찬을 하기 시작합니다.

"와, 너 정말 똑똑하구나.", "대단한데?", "와, 최고다, 최고!"

한참 칭찬을 하던 선생님은 아이에게 잠시 자리를 비우겠다고 말합니다. 그러고는 답안지를 아이들이 잘 볼 수 있는 곳에 놓고 밖으로 나갑니다. 선생님이 없는 사이 아이들은 어떻게 행동했을까요? 무려 70%의 아이들이 불안한 표정으로 답안지를 살펴보고 맙니다. 나의 능력보다 과한 선생님의 칭찬이 아이들에게는 엄청난 부담으로 다가왔기 때문입니다. 선생님으로부터 "지금 보니 그렇게 똑똑하지 않구나."라는 말을 듣는 것이 두려웠을 테니까요.

이 다큐멘터리를 보며 저 역시 찔리는 구석이 많았습니다. 밥을 먹지 않으려는 아이들에게 숟가락을 들이대며 "우리 아이 최고!"를 외쳤고, 아이가 숫자를 세거나 글자를 쓰면 "정말 멋지다. 우리 아들 천재네." 하고 유난을 떨었기 때문입니다. 아이를 격려하기 위해 습관적으로 내뱉는 저의 칭찬은 실험에서 봤던 칭찬과 다를 바가 없었습니다. 정작 아이는 공감하지 못하는 가짜 칭찬이었죠. 그렇다면 진짜 칭찬은 어떻게 해야 할까요? 육아 전문가들은 결과에 대한 칭찬이 아닌 과정에 대해 칭찬을 해야 한다고 말합니다. 앞서 보았던 칭찬을 과정에 대한 칭찬으로 바꾸어 보겠습니다.

"소연아, 글씨 진짜 잘 쓴다. 천재다!"

→ "소연이가 글씨를 꼼꼼하게 썼구나. 연습을 정말 많이 한 것 같아. 글씨가 소연이 마음처럼 예쁘네."

"여진아, 너 대단하다. 98점이나 맞다니, 서울대 갈 거야!"

→ "98점이나 맞았어? 결과도 좋았지만 무엇보다 이번 시험을 준비하는 모습이 정말 예쁘더라. 스스로 계획을 세우고 노력하는 모습이 참 멋졌어."

"승연아, 퍼즐을 잘 맞추네. 세계에서 최고다!"

→ "퍼즐을 다 맞췄네? 지난번에는 중간에 포기했었는데 이번에는 끝까지 포기하지 않고 퍼즐을 완성했구나!"

어떤 차이가 느껴지시나요? 과정에 대한 구체적인 칭찬은 과하거나 상투적이지 않습니다. 나도 모르게 '천재, 착한 아이, 서울대' 등의 프레임을 씌울 필요가 없지요. 보이는 대로 말하는 것으로 충분합니다. 과정에 대한 칭찬은 아이에게 부담을 주지 않습니다. 막연히 '최고다.', '천재다.'라는 말을 들었을 때와 달리 칭찬에 수긍이 가기 때문에 자신의 능력을 계속 키울 수 있습니다.

하지만 막상 아이에게 과정을 칭찬하려고 하면 이게 쉽지가 않습니다. 책으로 읽을 땐 과정을 칭찬하는 것이 별것 아니라고 느껴지지만, 막상 해보면 여전히 "멋지다!", "최고야!"가 먼저 나옵니다. 중요한 것이 빠졌기 때문입니다. 바로 관찰입니다.

아이가 아빠에게 자신이 그린 그림을 보여주며 "아빠, 내 그림 어때요?" 하고 묻습니다. 아빠는 어떻게 답하는 것이 좋을까요? 대부분의 아빠 입에서는 "잘 그렸네. 우리 아이 최고!"처럼 결과 중심적이고 과한 칭찬이 나옵니다. 그러나 그림을 유심히 살펴보면 조금 다른 칭찬이 가능합니다. "오늘은 동그라미를 많이 그렸네?", "여긴 노란색, 저긴 파란색, 여러 가지 색을 많이 사용해서 그렸구나."처럼 보이는 바를 말할 수 있게 됩니다. 아빠가 자신의 작품에 관심이 많다는 것을 느낀 아이는 활짝 웃으며 자기가 그린 그림에 대해 재잘거릴 것입니다.

《진짜 칭찬》(소울하우스)에서 심리학 교수 캐럴 드웩은 우리가 사고하는 방식에는 '성장형 사고방식'과 '고정형 사고방식'이 있다고 말합니다. "넌 참 똑똑하구나.", "넌 훌륭한 아이야."와 같은 말은 고정형 사고방식을 형성하게 합니다. 나는 똑똑하고 훌륭해야 하는데 그렇지 않은 일이 일어날까 봐 새로운 도전이나 시도를 피하게 되지요. 반면 성장형 사고방식을 가진 사람은 과정을 중요시하고 결과보다는 노력을 칭찬합니다. 이런 칭찬을 받고 자란 아이들은 당장은 남들만큼 뛰어나지 못해도 점점 더 발전할 수 있다고 느끼며 새로운 도전을 하는 데 주저함이 없습니다.

여러분은 아이가 어떤 사고방식을 갖기를 원하시나요? 과정을 중요시하는 성장형 사고방식은 긴 호흡이 필요합니다. 지나치게 높지 않은 기대와 면밀한 관찰이 필요하지요. 과정에 관한 칭찬은 아이를 도전으로 이끌고 실패하더라도 이를 성장을 위한 과정이라고 여기게 해줍니다. 아이를 관찰하고 과정을 칭찬하는 것, 그것이 쉽게 적용할 수 있는 육아의 첫 번째 기술입니다.

사소한
약속이라도
꼭 지켜라

'배달의 민족'으로 잘 알려진 우아한 형제들의 김봉진 대표가 〈세바시〉라는 프로그램에서 책 읽는 방법에 대해 강의를 했습니다. 당시 김봉진 대표는 자신을 이렇게 소개했습니다.

"반갑습니다. 인류 최초로 다른 사람에게 자랑하려고 책을 읽는, 과시적 독서가 김봉진입니다."

인간의 본성 중 하나가 과시성이기 때문에 있어 보이고 싶어 책을 읽는다는 것이었습니다. 그는 10년 정도 자랑하며 책을 읽었더니 언론에서 본인을 독서광이라고 부르기 시작했고, 계획에도 없던 독서법 책까지 내게 되었다며 웃었습니다.

김봉진 대표가 과시적 독서를 했다면 저는 과시적 육아를 했습니다. 일부러 두 아이를 데리고 밖으로 돌아다니며 다른 사람들에게 '어때? 나 좋은 아빠지?'라고 자랑했었죠. 과시적 육아 덕분에 저는 본의 아니게 친구들과 직장 동료 사이에서 꽤 육아를 잘하는 아빠로 알려졌습니다. 그런 세간(?)의 평가가 좋아 아빠들의 공동육아 모임을 여러 번 추진하기도 했습니다. 그러다 보니 주변 아빠들이 제게 육아 비결을 물을 때가 많습니다. 젤리를 한 개만 먹기로 하면 한 개만 먹고, 약속된 시간이 되어 이제 집에 가야 한다고 하면 떼쓰지 않고 갈 준비하는 아이들의 모습이 신기하다면서요.

비결이라고 말하기도 부끄럽지만 제가 아이들과의 관계에서 가장 신경 쓰는 부분은 아이들을 동등한 인격체로 대하는 것입니다. 이를 위해 가장 중요하게 여기는 것은 아이들과 했던 사소한 약속을 기억하고 지키는 일입니다.

수많은 육아 전문가들은 아이에게 약속을 지키라고 말하기 전에 부모부터 약속을 지켜야 한다고 강조합니다. 사실 예전의 저는 그런 이야기를 들으면 스스로 잘하고 있다고 생각했습니다. 아이들이 사달라고 하는 장난감을 사주고, 나가 놀자고 할 때 밖으로 나가 재미있게 놀아주었으니까요. 그런데 자세히 들여다보니 저만의 착각일 때가 많았습니다. 밥 먹고 레고 놀이하기로 해놓고 아이가 말을 꺼내지 않으면 가만히 있었습니다. 30분만 더 자고 놀아주기로 해놓고 밤새 쿨쿨 자기도 했죠. 큰 약속만 지키려 노력했고 사소한 일이라고 생각되는 것들은 흘려듣거나 지키지 않을 때가 많았습니다.

민망한 점은 제가 직장에서는 그렇게 행동하지 않는다는 것입니다. 상사의 말은 표정마저 놓치지 않으려 주의를 기울이고 사소한 것들도 노트에 적어가며 칼같이 지키고 있더군요. 곰곰이 생각해보니 저처럼 직장에서는 약속을 잘 지키고 집에서는 그렇지 않은 사람은 있어도 반대의 경우는 거의 없는 것 같았습니다. 저는 전자보다는 후자가 되고 싶었습니다. 그래서 아이들의 말을 직장 상사가 하는 말이라 생각하고 스마트폰에 기록하며 지키려고 노력했습니다.

아이가 유치원 버스를 타며 "내가 집에 올 때 토끼 인형 가지고 기다리고 있어야 해. 약속!" 하고 말하면 반드시 그 인형을 챙겼습니다. 식사하고 아이와 바로 곤충 놀이를 하기로 했다면 설거짓거리가 쌓인 개수대와 어질러진 거실이 눈에 들어오더라도 나중으로 미뤘습니다. 유치원 버스에서 내리는 아이가 토끼 인형을 보고 환하게 미소 짓는 모습을 보며 아이의 말을 기억하고 약속을 지키는 것이 얼마나 중요한 일인지 확인할 수 있었습니다.

사소한 약속을 지키려는 노력은 사실 생각보다 많은 에너지가 필요합니다. 밖에서도 충분히 힘든데 아이가 하는 말까지 기록해야 하나 싶을 때도 있습니다. 그럴 때면 저는 주식을 떠올립니다. IMF 때 3만 원대였던 삼성전자 주가가 20년 후 200만 원을 돌파한 것처럼 바쁜 가운데서도 아이와의 약속을 지키려는 노력이 삼성전자를 3만 원에 사는 것과 같다고 생각합니다. 20년 후에 성인이 된 아이들과 여전히 정서적인 교감을 함께하는 모습을 상상하면서 말이죠.

주식까지 생각하며 사소한 약속을 지키려는 노력은 아이들과의 관계에 큰 도움이 되었습니다. 제가 아이들과의 약속을 지키는 만큼 아이들 역시 아빠와의 약속을 지키기 위해 노력했습니다. 아쉬워도 정해진 만큼만 TV를 보고, 사탕이나 젤리를 더 먹고 싶은 마음도 꾹 참지요. "안 돼!" 하고 말하기 전에 스스로 사탕을 내려놓는 모습을 보면 아이들 마음의 힘이 크고 있다는 것이 느껴집니다. 아이들의 행동을 제지하며 언성을 높이지 않아도 되었고, 아이들이 필요 이상으로 고집을 피우는 일이 줄어들면서 육아도 한결 수월해졌습니다. 아이와의 약속을 잊지 않고 지키는 것, 그것이 아빠 육아의 두 번째 기술입니다.

아이에 대해 모른다는 것을 인정하라

"과학혁명은 지식혁명이 아니었다. 무엇보다 무지의 혁명이었다."

《사피엔스》(김영사)의 저자 유발 하라리는 '모른다'라는 것에 대한 인류의 발견이 현대 과학혁명을 가능하게 했다고 말합니다. 과거의 인류는 신이나 현자들을 통해 중요한 모든 것을 알 수 있다고 생각했지만 '모른다'라는 것에 기반을 두기 시작하면서 새로운 기술을 크게 발전시켰다는 것입니다.

육아도 이와 다르지 않다고 생각합니다. 나의 기준으로는 당연한 것들이 아이로서는 그렇지 않은 경우가 많습니다. 얼마 전, 층간소음이 걱정되어 아이에게 화를 냈던 적이 있습니다. 조금 전까지 뛰지 말라고 이야기했는데 제 말이 끝나기가 무섭게 다다다닥 달려가는 모습에 순간 욱하고 말았습니다. 아이는 난처한 표정으로 이렇게 대답했습니다.

"조금 전까지 생각했었는데, 나도 모르는 사이에 내 발이 그렇게 움직여 버렸어."

아이가 어찌나 억울한 표정으로 말하는지 그 말이 핑계로 느껴지지 않았습니다. 어른의 마음으로는 "나도 모르게 뛰었다."라는 말을 받아들이기 어려웠지만 몰입해서 노는 아이는 그럴 수도 있겠다 싶었습니다.

층간소음은 워낙 민감한 문제다 보니 아이의 마음을 이해했다고 해서 아이가 뛰는 것을 허용하지는 않았습니다. 하지만 아이에 대해 몰랐다는 것을 인정하니 감정을 표현하는 방법이 달라졌습니다.

"아빠가 몇 번이나 이야기했는데 왜 말을 듣지 않아? 아빠 말이 우스워?" 하고 말하는 대신 "이곳은 우리 가족만 사는 곳이 아니야. 다른 사람들과 함께 사는 곳이니 너희들이 아랫집 사람들에게 피해를 줘서는 안 돼. 우리 조금만 더 노력하자."라고 이야기할 수 있었죠. 욱하는 일이 줄어들자 아이가 뛰지 않으려고 노력하는 모습도 눈에 더 들어왔습니다. 그런 아이를 칭찬하고, 소음방지 슬리퍼를 신게 하며 계속해서 더 나은 방법을 찾았습니다.

한 번은 이런 일도 있었습니다. 아이들을 데리고 숲 놀이터에 갔을 때였습니다. 여러 가지 기구 중 집라인이 가장 인기더군요. 저희 아이도 관심을 가지기에 집라인 앞에 줄을 섰습니다. 그런데 탈 차례가 얼마 남지 않을 무렵, 아이의 몸이 딱딱하게 굳어졌습니다.

"아빠, 나 집라인 안 탈래."

"응? 안 탄다고? 집라인 재미있을 것 같다고 타고 싶어 했잖아."

"아니야. 안 탈래. 나 내려갈래."

처음엔 타고 싶었지만, 막상 자기 차례가 다가오니 집라인이 무섭게 느껴진 것입니다. 빠르지도, 높지도 않은 데다가 한참 어린 동생들도 재밌게 타고 있는 집라인을 제 아들만 안 타겠다고 하니 그렇게 답답할 수가 없었습니다.

"승유야, 이게 뭐가 무섭다고 그래? 하나도 무섭지 않아. 승유보다 어린 아이도 저렇게 잘 타는데 못 타겠어?"

아들이 나약해지는 것 같아 포기하지 말고 도전할 것을 계속 강요했습니다. 하지만 아이는 끝내 집라인 타는 것을 거부했습니다. 속상한 마음에 아이와 함께 돌아가는데, 그제야 내 기준으로만 아이를 바라보았다는 생각이 들었습니다. 여섯 살 아이라면 무조건 탈 수 있다고 단정한 제 고정관념이 문제였습니다. 강요했던 제 행동을 사과하고, 아이가 제 강요에도 마음을 잘 표현해준 것을 칭찬했습니다. 그리고 집라인을 타는 친구들을 함께 지켜보면서 다음을 기약했습니다.

그로부터 몇 달 후, 다시 숲 놀이터를 찾았습니다. 이번에도 아이는 집라인에 관심을 보였습니다. 하지만 이번에는 아이가 탈 수 있으리라고 예단하지 않았습니다.

"승유야, 승유 차례가 되었을 때 무서운 마음이 들어서 타지 못해도 괜찮아. 이렇게 다시 도전하는 것만으로도 마음의 힘이 강해지는 거야." 하며 격려했습니다. 아이는 약간 긴장한 표정이었지만 용기를 내어 집라인에 몸을 맡겼습니다. 그러고는 너무 재미있다며 그 후로도 한참을 집라인과 함께 했습니다.

이처럼 모른다는 것을 전제로 아이를 바라보자 아이가 제 말을 듣지 않는다고 여기는 일이 많이 줄어들었습니다. 어른이 된 우리는 아이들이 어떤 마음으로 생각하고 행동하는지를 미루어 짐작할 뿐, 제대로 아이의 마음을 이해하기 어렵습니다. 특히 시간이 부족한 아빠일수록 아이와 더 많은 것을 하고 싶은 욕심에 자기 생각대로만 아이를 이끌 수 있습니다. 그러니, 인정합시다. 아이에 대해 모른다는 것을요. 그것이 아빠 육아의 세 번째 기술입니다.

아이에게 아빠 마음을 이야기하라

육아를 하다 보면 아이는 물론 어른도 많은 실수를 합니다. 아이와의 약속을 깜빡할 때도 있고, 필요 이상으로 화를 내고 후회할 때도 있습니다.

중요한 것은 미안한 마음이 들어도 이를 표현하지 않으면 아이들은 알지 못한다는 것입니다. 그러므로 저는 실수를 한 경우 최대한 빨리 아이에게 사과하려고 노력합니다.

"아빠가 어제 30분만 자고 같이 놀기로 했는데 계속 자버려서 미안해. 다음부터는 약속 꼭 지킬게. 오늘 아빠 퇴근하자마자 바로 놀자."

"아빠가 직장 일로 스트레스를 받아서 너희들이 크게 잘못하지도 않았는데 화를 낸 것 같아. 다음부터는 아빠 기분 따라 행동하지 않도록 노력할게."

마음을 담아 사과하면 아빠 때문에 속상했던 아이들의 표정도 조금씩 밝아집니다.

꼭 이런 경우가 아니더라도 평소 저는 제 마음을 아이들과 함께 나누려고 노력합니다.

"할머니가 너무 보고 싶은데 코로나 때문에 가지 못해서 슬퍼. 언제쯤 할머니를 뵈러 갈 수 있을까?"

"아빠가 이번 주 내내 밤새 일을 해서 지금 몸이 너무 피곤해. 일 끝나면 승유랑 지온이랑 제일 먼저 놀고 싶었는데 아쉽네. 오늘은 아빠 쉬고 내일 놀아도 될까?"

이렇게 솔직히 얘기하면 놀랍게도 이제 다섯 살, 일곱 살밖에 되지 않은 아이들은 아빠 마음을 알아주고 토닥거립니다.

"증조할머니한테 영상통화를 하면 되지. 아니면 증조할머니한테 그림을 그려서 택배로 보내."

"그래 알았어, 아빠. 건강이 제일 중요하지."

그런 이야기를 들을 때마다 한없이 어려 보이는 아이들이 부쩍 크게 느껴집니다. 그리고 다시 한번 깨닫습니다. 아이들은 결코 아무것도 모르는 존재가 아니며, 부모의 마음을 잘 헤아리는 저와 동등한 존재라는 것을요.

아이에게 마음을 털어놓는 것은 미취학 아동기뿐 아니라 아이가 청소년기를 거쳐 성인이 되어서도 큰 도움이 됩니다.

앞서 아버지를 나와 다른 완벽주의자로 인식했던 제 마음에 대해 말씀드린 적 있습니다. 아버지의 기대에 미치지 못할 것이라는 두려움이 소통하려는 아버지를 밀어냈었죠. 그렇게 아버지를 어렵게만 느꼈던 제 마음이 한순간에 녹아내린 적이 있습니다.

스물 셋이 되던 해의 겨울, 유난히 추웠던 어느 날이었습니다. 아버지는 제게 술을 한 잔 하자고 말씀하셨습니다. 그래서 어머니와 동생 없이 아버지와 둘이 동네 참치 집에 갔습니다. 아버지는 그날 처음으로 제게 당신이 살아오셨던 이야기를 들려주셨습니다. 어린 시절의 상처, 저와 동생을 키우면서 느꼈던 감정, 회사에서 느꼈던 어려움, 건강에 이상 신호가 찾아왔을 때 가장으로서 느꼈던 두려움, 아내에 대한 고마움 등에 대해 담담하게 들려주셨습니다.

아버지의 이야기를 듣는 동안 여러 번 가슴이 뜨거워졌습니다. 아버지는 나와 다른 사람인 줄 알았는데 저와 똑같이 힘들고 포기하고 싶은 순간들을 마주했었습니다. 다만 이를 내색하지 않고 이겨내셨을 뿐이었죠. 꺼내기 어려웠을 이야기를 제게 말씀해주셨다는 것이 참 감사했습니다. 놀랍게도 그날 이후로 저는 더는 아버지가 어렵게 느껴지지 않았습니다. 아버지께 제 속마음을 꺼내 놓는 데도 거부감이 없어졌습니다. 아버지를 온전히 이해할 수 있었던 그 날의 기억은 여전히 제 마음속에 소중하게 남아 있습니다.

아버지께서 해주셨던 이야기들은 제가 어렸을 때 들었더라면 이해하지 못했을 이야기입니다. 저 역시 우리 아이들에게 제 안의 모든 이야기를 꺼내지는 못합니다. 하지만 제가 느끼는 다양한 감정들을 아이들 눈높이에 맞춰 나누려고 노력합니다.

아빠라고 해서 항상 완벽한 모습만 보일 필요는 없습니다. 우린 지금도 충분히 잘하고 있으니까요. 그러니 아이에게 마음을 이야기하세요. 처음에는 어색하더라도 계속 마음을 털어놓으려 노력하면 아빠와 아이는 진심을 나누는 관계로 발전할 수 있습니다. 아이들에게 솔직한 마음을 전달하는 것, 그것이 아빠 육아의 네 번째 기술입니다.

아이와 마음 이야기를 나누는 방법

아이와 마음 이야기를 나누기가 어렵다고 말하는 아빠들이 있습니다. 아빠에게는 속마음을 이야기하지 않고 엄마에게 조르르 달려가 소곤소곤 말하는 아이의 모습은 절로 서운한 마음을 불러일으킵니다.

아이들과 마음을 나누기가 어렵다면 이를 주제로 한 도구(책과 보드게임)를 활용하는 것이 좋습니다. 제가 아이들과 마음을 나누는 데 도움이 되었던 보드게임은 '하트로 가는 신나는 여행'입니다. 주사위를 던져 보드 가운데 있는 하트에 먼저 도착하는 사람이 이기는 단순한 게임이지만 이 과정에서 다양한 감정적 상황을 만나게 됩니다. 다른 사람의 표정을 보고 어떤 기분인지 맞추기도 하고, 여러 가지 감정 이모티콘(사랑, 설렘, 실망, 보살핌, 용기 등)을 지나며 언제 그런 감정을 느꼈는지 이야기를 나눌 수 있습니다.

《인사이드 아웃》(꿈꾸는달팽이)이나 《감정 몬스터》(청어람아이)와 같이 감정을 주제로 한 이야기책을 읽어주며 자연스럽게 아이의 감정을 물어보는 것도 좋습니다.

"승유랑 지온이 마음속에는 기쁨이, 슬픔이, 소심이, 까칠이, 버럭이 중

누가 있었어?"

"오늘 승유랑 지온이 마음은 무슨 색깔이었어?"

아이들이 말하기를 주저하면 굳이 캐묻지 않습니다. 대신 제가 느낀 감정을 먼저 들려줍니다.

"오늘 아빠 마음에는 기쁨이가 많이 있었는데 슬픔이, 까칠이, 소심이, 버럭이도 있었어. 아침에 아빠 일하러 가기 전 승유랑 지온이가 예쁘게 자고 있는 모습을 볼 때, 집에 와서 너희들이랑 같이 레고 게임할 때 기쁨이가 있었어. 그리고 오늘 비가 많이 와서 비행을 어떻게 하나 걱정했었는데 그때 소심이도 잠깐 나왔던 것 같아."

아빠의 마음을 들은 아이들은 자연스럽게 자기 이야기를 합니다.

"오늘 지온이 마음에는 기쁨이랑 슬픔이가 있었어. 오빠가 장난감을 양보하지 않았을 때는 슬픔이가 있었고, 어린이집에서는 계속 기쁨이만 있었어."

감정에 관한 이야기책은 아이들과 마음을 나누는 데도 좋지만 우리가 느끼는 다양한 감정이 모두 소중하다는 것을 알려주는 데도 도움이 됩니다. 아이들은 기쁨은 좋은 감정, 슬픔이나 화, 걱정은 나쁜 감정이라고 생각하기 쉬운데 내가 느끼는 모든 감정이 소중하고 단지 다를 뿐이라는 것을 자연스럽게 알게 해주지요.

아이들과 마음 이야기를 나누는데 익숙해지면 이제는 일상생활에서도 쉽게 마음을 묻고 들을 수 있습니다. 내 안의 여러 가지 감정이 모두 소중하다는 것을 알게 된 아이들 역시 자신의 마음을 편하게 이야기합니다.

새로운 곳으로 이사하고 얼마 되지 않아 아이와 함께 데이비드 리치필드의 《곰과 피아노》(재능교육)라는 그림책을 읽었습니다. 숲속에서 우연히 피아노를 발견한 곰이 피아니스트로 성공한 과정을 담은 이야기였습니다. 도시에서 명성을 떨치던 피아니스트 곰이 친구들이 그리워 숲으로 돌아오는 장면을 읽으며 아이에게 물었습니다.

"승유랑 지온이도 옛날 친구들이 보고 싶을 때가 있어?"

제 물음에 갑자기 승유가 눈시울을 붉혔습니다. 이사 오기 전 어린이집에 함께 다니고, 집 앞 놀이터에서 같이 놀던 친구들이 생각이 났다면서 이렇게 말했습니다.

"여긴 유치원 끝나고 집 앞에서 같이 놀 친구들도 없어."

아이의 눈물에 살짝 당황했지만 덕분에 이사 후 낯선 환경에서 아이가 느꼈을 여러 감정에 대해 이해할 수 있었습니다. 《곰과 피아노》에서 숲속 친구들이 멀리 떨어져 있던 피아니스트 곰을 계속 응원하고 있었듯이 예전 친구들과 승유가 몸은 떨어져 있지만 생각하는 마음은 서로 연결되어 있다며 위로해 줄 수 있었습니다.

"오늘 하루는 어땠어?"

예전에 미군 장교들과 함께 근무할 때 참 많이 들었던 인사말입니다. '오늘 하루 어땠냐?'는 질문에 저는 항상 단답형으로 대답했습니다. "Great.",

"Good.", "Not bad." 외에는 덧붙일 말이 없었죠. 반면 그들은 조금 달랐습니다. 무슨 일이 있었고, 기분은 어떻고, 기분이 좋은 이유는 이렇고, 주저리주저리 참 자연스럽게도 이야기하더군요. 예전에는 그런 모습이 서양인의 특성이라고 생각했지만 지금은 그렇지 않습니다. 단지 내가 감정을 표현하는 법을 잘 몰랐을 뿐, 우리 아이들은 오늘 하루 어땠냐는 물음에 자신의 감정을 너무나 잘 표현하는 존재였기 때문입니다.

마음을 나눌 때 우리는 상대를 한 뼘 더 가깝게 느낍니다. 아빠가 아이와 마음을 주고받는 데 익숙하다면 아이는 아빠와 함께하는 시간이 적더라도 아빠를 멀게 느끼지 않을 것입니다. 아이가 부모에게 자신의 감정을 솔직하게 말하는 시간은 그리 길지 않습니다. 아이와 마음을 쉽게 나눌 수 있는 골든타임을 놓치지 않으시길 바랍니다.

효과적인 훈육 방법

모든 부모는 '미운 다섯 살'을 마주하게 됩니다. 말끝마다 "싫어!"와 "안 해!"를 달고 사는 아이에게 화를 내지 않으려고 도를 닦는 시기이지요. 아이가 이유 없이 짜증을 부리거나 정말 말도 안 되는 고집을 부리면 내가 낳은 아이가 맞나 싶기도 합니다. 그나마 위로가 되는 건 내 자식만 유별난 게 아니라는 점입니다. 미국에서도 'Crazy 4' 라는 표현이 있는 걸 보면 전 세계 부모들 모두가 이 시기의 아이들에게 힘들어하는 건 매한가지인 것 같습니다.

첫째 아이가 다섯 살이 되고 나서부터 저 역시 '미운 다섯 살'을 제대로 체험했습니다. 예를 들면 이런 상황이지요.

#1. 아이가 늦은 시간에 딱딱한 장난감을 바닥에 쿵쿵 부딪치며 놉니다. 다른 사람들이 자고 있을 수 있으니 조용히 했으면 좋겠다고 말합니다. 아이는 그런 제 말을 듣는 둥 마는 둥 여전히 소리를 냅니다. 제 목소리 톤이 조금 달라지자 잠깐 이야기를 듣는 것 같더니 이내 쿵쾅거립니다. 마치 아빠를 약 올리듯 그러기를 수차례, 저의 인내심은 바닥을 치고 맙니다.

#2. 아내가 저녁을 준비해주었습니다. 맛있게 먹으려고 하는데 아이가 갑자기 국수 아니면 먹지 않겠다고 선언합니다. 이미 밥을 했으니 내일 해주겠다고 해도 소용없습니다. 아이는 당장 국수를 내놓으라는 듯 근엄한 표정으로 앉아 버티기 시작합니다. "차려준 대로 먹어!" 하고 소리치지 않기 위해 수차례 심호흡을 합니다.

사실 고집을 피우고, 제멋대로 행동하고, 투정 부리는 것은 아이의 발달 과정에서 일어나는 자연스러운 모습입니다. 이때는 자아의식이 점차 또렷해지고 독립성이 강해지는 시기이기 때문입니다. 하지만 아이가 위와 같은 행동을 계속하다 기분이 나빠져 물건을 던지거나 아빠나 엄마, 동생을 때릴 경우에는 훈육이 필요합니다.

그런데 훈육이 말처럼 쉽지가 않습니다. 육아 프로그램이나 책을 보면 별도의 공간에서 감정 코칭을 하고, 훈육 후에는 아이를 꼭 안아주라고 하던데 실전에서는 그렇게 하기가 정말 어려웠습니다. 지금쯤이면 울음을 그쳐야 하는데 절대로 잘못했다고 말하지 않는 아이의 모습에 당황하기도 했지요. 하지만 훈육 과정을 기록하고 피드백을 반복한 덕분에 훈육에 대한 감을 조금씩 잡기 시작했습니다. 아빠의 훈육, 어떻게 해야 할까요?

저는 아이를 훈육할 때 다음 과정을 따릅니다.

1. 언성을 높이지 않고 아이가 마음을 진정할 때까지 충분히 기다리기
2. 울음을 그치거나 그치려고 하면 고맙다고 말하기
3. 아이 마음에 공감하기
4. I message로 잘못한 점 짚어주기
5. 온 힘을 다해 아이와 함께 재미있게 놀기
6. 훈육 과정 피드백

#1. 언성을 높이지 않고 충분히 기다리기

훈육을 할 때는 아이를 데리고 방으로 들어갑니다. 공간을 이동하는 것은 감정을 추스를 시간을 갖기 위해서입니다. 그런데 보통 방으로 들어가면 아이는 더 크게 울기 시작합니다. 억울하고 분해서이겠지요. 악을 고래고래 지르면서 울컥거릴 정도로 울기도 합니다. 당장 훈육을 멈추고 아이를 안아주어야 하나 고민이 되지만 아이를 안아주지도, 인상을 쓰지도 않습니다. 그냥 지긋이 지켜봅니다. 대신 중간중간 어떻게 해야 이 상황이 끝나는지 말하고, 아이가 진정되기를 기다립니다.

"승유 화난 마음이 조금 진정되면 좋겠어요."

"울음을 그치고 아빠랑 이야기한 다음에 거실로 나갈 수 있어요."

만약 화난 마음에 아빠를 때리려고 하면 아이의 손과 발을 잠깐 잡은 후 이야기합니다. 이때 절대로 화를 내지 않고 침착하게 말합니다.

"때리는 건 나쁜 행동이에요." 하고 말한 후 다시 놓아줍니다. 그리고 울

음과 울음 사이의 빈 곳에 계속 메시지를 던집니다.

"승유가 억울하고 화난 마음이 아직 많이 있구나."

"아빠는 승유랑 이야기하면서 승유 마음을 알고 싶어요."

"승유도 울음 그치려고 노력하고 있구나."

'아빠는 네가 진정하기를 기다리고 있다.'라는 메시지만 주면서 30분이고, 1시간이고 기다립니다. 아이가 울음을 멈추는 데까지 걸리는 시간은 아이마다 다릅니다. 부모는 사전에 이 시간이 오래 걸릴 것을 예상해야 합니다. 그래야 아이의 울음과 화에 감정이 동요하는 것을 막을 수 있습니다.

아이가 울음을 그치기를 기다릴 때 아빠가 피해야 할 것은 강압적이거나 비아냥거리는 말입니다.

"울음 안 그치면 절대 못 나가!"

"그래. 그렇게 계속 울어봐. 앞으론 장난감 다 버릴 거야."

이와 같은 표현은 아이에게 공포감을 줄 뿐 아니라 아빠의 감정도 자극합니다. 감정이 동요된 상태에서는 나도 모르게 이런 말이 나오기 때문에 침착함을 유지하는 것이 중요합니다.

#2. 울음을 그치거나 그치려고 하면 감사를 표현하기

동요하지 않고 차분히 기다리면 어느 순간 소강상태가 찾아옵니다. 아이는 아빠에게 안기려고 하기도 하고 가만히 앉아서 훌쩍거리기도 합니다. 아이가 안기려고 하면 저는 아이를 안아주면서 고맙다고 이야기합니다.

"승유가 울음을 그쳤구나. 화난 마음을 이기고 울음을 그치려고 노력해 줘서 고마워."

"승유가 울음을 그치니 아빠도 마음이 좋아졌어."

아이의 노력을 칭찬했다면 이제 대화를 준비합니다.

"아빠랑 저기 앉아서 이야기할까?"

"이제 아빠 마음이랑 승유 마음이 어땠는지 이야기해보자."

이때쯤이면 어느덧 아이는 순한 양이 되어있을 것입니다.

#3. 아이 마음에 공감하기

이제 아이와 마주 보고 앉아 이야기합니다.

"아빠는 아까 승유가 어떤 마음이었는지 몰랐어. 승유가 어떤 마음이었는지 이야기해줄 수 있어요?"

아이는 훌쩍거리면서 억울한 마음을 이야기합니다.

"승유는 국수를 먹고 싶은데 엄마가 해주지 않아서 화가 났어요."

"승유가 혼자 놀고 싶었는데 지온이가 와서 내 장난감을 발로 밟았어요."

"(지온이가 잘못했는데) 지온이가 미안하다는 말도 하지 않아서요."

그러면 아이의 마음을 그대로 읽고 공감해줍니다.

"아, 승유가 혼자 놀고 싶었는데 지온이가 와서 장난감을 밟아버리니까 화가 났구나. 아빠도 어렸을 때 혼자서 놀고 싶었는데 동생이 와서 끼어들면 화가 많이 났었어."

아이 마음에 공감할수록 아이는 진짜 마음을 이야기합니다. 부모가 전혀 예상치도 못한 부분에서 아이의 기분이 상했다는 것을 알 때도 있지요. 부모가 미처 신경 쓰지 못한 부분이 있다면 아이에게 정중히 사과합니다. 어느덧 편안해진 아이의 모습을 볼 수 있습니다.

#4. 잘못한 점 짚어주기

아이가 편안해지면 아이의 잘못을 짚어줍니다.

"승유가 화가 난다고 아빠를 때리면 아빠 마음은 어떨까요? 아빠 마음이 너무 아팠어요. 기분이 안 좋아도 물건을 던지거나 다른 사람을 때리는 건 절대 안 돼요."

이때 유념해야 할 것은 방금 한 잘못만 짧게 짚어야 한다는 것입니다. 아이는 이미 기분이 어느 정도 풀린 상태라 이제 빨리 방을 나서고 싶어 합니다. "이거 잘못했지? 그리고 저것도 잘못한 거야." 하며 잘못한 점을 연달아 얘기하면 아이들은 집중력이 흐트러져 자신이 한 잘못이 무엇인지 제대로 깨닫지 못하게 됩니다.

#5. 온 힘을 다해 아이와 함께 재미있게 놀기

잘못한 점을 짚어주었다면 아이를 꼭 안아주고 말합니다.

"우리 이제 거실로 나가면 동생한테 사과할까?", "거실로 나가면 뭐 하고 놀까?"

훈육이 끝나고 아이가 제대로 사과를 했다면 이제 아이와 즐겁게 놀 시간입니다. 우는 아이를 보며 미안했던 마음, 아빠 말을 잘 이해해줘서 고마웠던 마음을 모두 담아 신나게 놀아줍니다. 통상 이때는 아이들도 부모 말을 매우 잘 듣기 때문에 정말 재미있게 놀 수 있습니다.

#6. 훈육 과정 피드백

훈육할 때 제가 반드시 하는 것은 훈육 과정에 대한 셀프 피드백입니다. 앞서 말했듯이 육아나 훈육은 결코 한 번에 제가 원하는 대로 되지 않습니다. 저는 아이 마음에 교감하는 것이 특히 어려웠습니다. 무슨 말을 해야 할지 생각이 안 나고 강제적인 언어를 사용할 때가 많았지요. 하지만 훈육 과정을 기록하고 반성해보니 확실히 그다음 훈육 때 같은 실수를 반복하는 일이 많이 줄었습니다.

마지막으로 훈육의 효과를 높이기 위해 반드시 알아야 할 것이 있습니다. 바로 훈육 횟수를 최소화하는 것입니다. 부모가 공부하라고 하면 공부가 더 하기 싫어지는 것처럼 훈육의 횟수가 많아질수록 효과는 무뎌질 수밖에 없습니다. 훈육해야 하는 상황으로 발전하기 전에 부모가 개입하여 아이를 진정시킬 수 있다면 그것이 가장 좋습니다.

감정 코칭 전문가 최성애 박사는 감정은 충분히 공감하되 행동하는 데는 분명한 한계가 있다는 것을 아이에게 깨닫게 해주어야 한다고 말했습니다. '아이와 함께하는 시간도 많지 않은데 이렇게 훈육을 했다가 아이와의 관계가 멀어지면 어떡하지?'라는 염려는 잠시 내려놓아도 좋습니다. 만족지연이나 자기통제력은 아이가 삶을 살아가는 데 있어 꼭 필요한 능력이니까요.

잘 사용하면 아이와의 관계를 더욱 돈독히 해주는 아빠의 훈육, 바로 적용해보세요.

아빠가
추천하는
아빠 놀이 방법

아이와 함께하는 물리적 시간이 적은 아빠에게는 그 짧은 시간을 효율적으로 보내는 것이 무척 중요합니다. 다행히 요즘에는 웹이나 앱, 육아서에서 아빠 놀이에 관한 여러 가지 정보를 쉽게 찾을 수 있습니다. 그중 제가 도움을 받았던 몇 가지 정보를 알려드리겠습니다.

아빠들의 온라인 모임 카페

• 100인의 아빠단 (https://cafe.naver.com/motherplusall)

100인의 아빠단은 보건복지부에서 주최하는 프로그램으로 초보 아빠와 육아에 관심 많은 아빠가 각자의 고민과 노하우를 나누는 모임입니다. 지방자치단체와 연계하여 매년 아빠 100명을 선발한 후 놀이, 교육, 건강, 일상, 관계 미션을 수행하며 아이와 추억을 쌓을 수 있습니다. 활동 내용은 네이버 카페에서 확인할 수 있으며, 100인의 아빠로 선발되지 않더라도 카페에 올라온 여러 가지 미션을 보며 아이와 함께 여러 활동을 할 수 있습니다.

• 아빠학교/아빠놀이학교/아빠와 추억만들기 (https://cafe.naver.com/swdad)

좋은 아빠가 되고 싶은 아빠들에게 필요한 놀이 정보가 다수 있는 카페로 무려 12년이 넘는 역사를 가지고 있습니다. 연령별로 실내외에서 할 수 있는 다양한 놀이가 소개되어 있는데, 하나하나 따라 하다 보면 자연스럽게 집 안의 모든 물건이 장난감이 될 수 있다는 사실을 깨닫게 됩니다. 그뿐만 아니라 아이의 꿈 점검표 작성, 아빠의 자존감을 높여주는 셀프 칭찬, 아빠들이 뭉치는 이웃 커뮤니티 모임 등을 통해 각자의 경험을 나누고 서로를 응원할 수 있는 공간입니다.

아이들과 함께 갈만한 곳 찾기

• 리틀홈 매번 어디 가야 하나 고민하는 아빠들에게 추천하는 앱입니다. 체험학습, 테마파크, 키즈카페 등에 대한 정보를 쉽게 찾을 수 있습니다. 각각의 장소에 대한 사용자의 솔직한 후기가 최대 강점입니다. 좋았던 점, 아쉬웠던 점 등이 잘 정리되어 있어 우리 아이가 좋아할 만한 장소를 찾는 데 많은 도움이 됩니다.

• 애기야 가자 리틀홈과 마찬가지로 아이와 함께 갈만한 곳에 대한 정보가 많은 앱입니다. 실내/실외로 구분하여 장소를 찾을 수 있어 코로나로 인해 실외 장소를 주로 찾는 분들께 유용합니다.

• 놀이의 발견 앞서 언급한 리틀홈, 애기야 가자에 비해 아이와 함께 갈만한 곳을 더욱 세분화하여 소개하는 앱입니다. 특히 전시, 공연 안내를 비롯해 스포츠, 미술, 음악 등의 예체능 체험 정보를 찾는 데 큰 강점이 있습니다.

아이들과 함께할 수 있는 아빠 놀이

• 승찬 Daddy 아빠와 아이가 집에서 할 수 있는 여러 가지 놀이 정보를 소개하는 유튜브 채널입니다. 개인적으로는 '아빠로봇'이라는 놀이를 강력히 추천합니다. 아빠가 로봇으로 변해 아이를 안고 움직이는 놀이로 우리 아이들이 3년이 넘도록 가장 좋아하는 놀이입니다. 아이와 함께하는 시간이 부족한 아빠가 짧은 시간 동안 아이를 행복하게 해 줄 수 있는 많은 놀이를 찾을수 있습니다.

• Kids Playing With Daddy 승찬 Daddy 채널에는 적어도 4세 이상의 아이가 재미있게 할 법한 놀이가 많다면 이 채널에는 영유아와 할 수 있는 놀이 정보도 많습니다.

• 차이의 놀이 아이들과 할 수 있는 다양한 놀이 정보가 담긴 앱입니다. 연령별로 할 수 있는 놀이가 사진 및 영상으로 자세히 소개되어 있습니다. 특히 놀이할 때의 대화법도 예시로 나와 있어 아직 아이와의 놀이가 어색한 아빠에게 도움이 됩니다.

아빠 놀이 책/다큐멘터리

• 《감각통합놀이》(소울하우스) 특별한 준비물 없이 영유아, 미취학 아이와 집에서 할 수 있는 다양한 놀이가 사진과 함께 쉽게 설명되어 있습니다. 아이가 사진을 보고 원하는 놀이를 직접 선택하게 하는 것도 좋습니다.

• 《놀이의 반란》(EBS) 2012년, EBS에서 방영한 놀이에 관한 다큐멘터리

입니다. 총 3부로 이루어져 있는데 그중 2부 〈아빠놀이, 엄마놀이〉에서는 아빠의 놀이가 왜 중요한지, 그리고 어떻게 놀아줘야 하는지에 관한 자세한 정보를 얻을 수 있습니다.

정보를 아는 것도 중요하지만 더 중요한 것은 실제로 아이들과 활동을 하는 것입니다. 이때 다음의 몇 가지를 주의하세요.

• 삐지지 않기 열심히 놀이를 준비했는데 아이들이 탐탁지 않은 반응을 보일 수 있습니다. 절로 서운한 마음이 들겠지만 그런다고 이런 말을 해서는 안 됩니다. "아빠가 얼마나 열심히 준비했는데, 다음부터 너랑 같이 안 놀 거야." 아이들을 생각해서 시작한 놀이였음을 절대 잊지 마세요.

• 책이나 영상대로 똑같이 따라 하려 하지 않기 책이나 영상에 나오는 놀이를 하다 보면 아이가 기대처럼 움직이지 않을 때가 많습니다. 내 아이는 영상 속 아이가 아니므로 다르게 행동하는 것이 정상입니다. 아이 스타일에 맞춰 아빠가 유연하게 놀이를 변경해도 아무 문제 없습니다. 아이와 함께 노는 시간은 무조건 즐거워야 하니까요.

• 미리 준비하기 아이들과 함께 활동을 할 때는 항상 여유 있게 움직여야 합니다. 특히 체험활동이나 공연처럼 입장 시간이 정해져 있는 경우, 느

릿느릿 움직이는 아이를 보면 언성이 높아질 수 있습니다. 서두르고 선불리 화내지 않으려면 그만큼 더 일찍 준비하는 것이 좋습니다.

•다른 아빠와 비교하지 않기 카페 활동을 하다 보면 아이와 다양한 활동을 하는 아빠들을 만날 수 있습니다. 그들로부터 좋은 정보를 얻는 것은 좋지만 나도 저렇게 해야 한다고 욕심내지는 마세요. 놀이 정보를 찾아보는 것만으로도 이미 우리는 좋은 아빠입니다. 나의 상황에 맞게 내 속도대로 아이와 함께합시다.

Chapter 6

아빠 육아를 위한 환경 설정

환경 설정이 반이다

《아주 작은 습관의 힘》(비즈니스북스)의 저자 제임스 클리어는 '환경은 인간의 행동을 형성하는 보이지 않는 손'이라고 말합니다. 의지, 결심도 중요하지만, 환경설정이 뒷받침될 때 우리가 원하는 방향으로 행동할 가능성이 크게 높아지기 때문입니다.

육아도 그렇습니다. 좋은 아빠가 되기 위해서는 이를 위한 환경 설정이 반드시 필요합니다. 육아에 집중하기 위해 제가 처음으로 했던 환경 설정은 거실에 있던 TV를 안방으로 옮긴 것이었습니다. 예전의 저는 퇴근하자마자 프로야구 중계를 틀어놓곤 했습니다. 육아가 귀찮아질 때는 아이들이 좋아하는 만화를 온종일 보여주기도 했습니다. 아이에게 TV 영상을 많이 노출하는 것이 좋지 않다는 것을 알면서도 습관적으로 TV를 켜는 날이 많았습니다.

그러다 이사를 계기로 변화를 시도했습니다. TV를 안방으로 옮기고, 거실은 책장과 책으로 채웠습니다. 효과는 곧바로 나타났습니다. TV가 눈에 보이지 않으니 저도, 아이들도 TV 영상을 보는 시간이 크게 줄어든 것입니다. 아이들은 수시로 책을 꺼내 저와 아내에게 읽어달라고 요구했습니다. 상상 이상의 변화였습니다.

TV 다음 문제는 스마트폰이었습니다. 스마트폰이 제 신체의 일부가 되어 버리다 보니 아이들과 놀면서도 스마트폰을 만질 때가 많았습니다. 아이들과 집 안에서 숨바꼭질하면 꼭꼭 숨어서 그 안에서 스마트폰을 만지고 있을 정도였지요. 그러던 어느 날 아이가 제게 다가왔습니다.

"아빠, 승유랑 거실에서 같이 놀자."

"승유야, 아빠 피곤한데? 조금만 누워있을게."

"아빠 핸드폰 만지면서 놀면 되잖아. 핸드폰 하게 해줄 테니까 나랑 같이 놀자."

아이의 말에 깜짝 놀랐습니다. 평소에는 놀 때 핸드폰을 왜 하냐며 뭐라고 하던 아이가 핸드폰을 하면서라도 같이 놀아달라니요. 아이는 아빠가 놀이에 온전히 집중하지 않는다는 것을 귀신같이 알고 있었습니다. 아빠는 나랑 노는 것보다 스마트폰을 더 좋아한다고 느끼고 있었죠.

아이와 놀면서도, 밥을 먹으면서도 스마트폰을 만지는 제 모습이 너무나 부끄러웠습니다. 나중에 아이가 커서 스마트폰을 갖게 되면 어떤 모습일지 생각해보니 끔찍하더군요. 제 모습 그대로, 밥을 먹으면서 스마트폰을 만지작만지작하는 모습이 그려졌습니다. 그런 모습을 보면서 저는 잔소리를 하겠지요.

정신이 번쩍 들었습니다. 아이들과 시간을 보낼 때는 스마트폰을 만지지 않겠다고 다짐했습니다. 다짐만으로는 습관으로 이어지지 않자 스마트폰 침대를 샀습니다. 퇴근 후에는 항상 스마트폰을 그곳에 두고 아이들과 시간을 보냈습니다. 아이들에게도 아빠가 스마트폰을 만지고 있으면 침대에 올려두어야 한다고 이야기해달라고 말했습니다.

스마트폰과 떨어져 있으려니 처음에는 너무 불안했습니다. 상사의 중요한 메시지를 놓치면 어떡하나 싶었지만 저만의 걱정이었습니다. 사람들이 저를 급히게 찾는 일은 거의 생기지 않았거든요. 그런 일이 생기더라도 스마트워치를 통해 연락을 놓치지 않고 받을 수 있었습니다. 스마트폰 침대는 제가 아이들과의 놀이에 더욱 집중할 수 있는 환경을 만들어주었습니다. 환경을 설정한 덕분에 습관적으로 스마트폰을 꺼내 중요하지도 않은 일을 하던 습관도 고칠 수 있었습니다.

아이들과 놀 때도 환경 설정은 많은 영향을 미칩니다.

친구와 함께 아이들을 데리고 트램펄린 전용 키즈카페에 갔을 때 일입니다. 함께 간 친구가 아이들 표만 끊지 말고 아빠들 표도 같이 끊자고 하더군요. 내키지 않았습니다. 돈도 아까웠고, 보통 이런 곳은 아이들을 마음껏 뛰게 해주고 부모는 밖에서 쉬는 것이 일반적이었기 때문입니다. 부모 대부분이 밖에서 아이들을 지켜보고 있는데 그 안에서 다 큰 어른이 방방 뛰는 것도 조금 부끄러웠고요.

“넌 참 아직도 어린애 같다.” 하며 같이 표를 끊었습니다. 하지만 입장과 동시에 친구의 선택이 옳았다는 것을 알게 되었습니다. 초등학교 시절 이후 처음 뛰는 트램펄린은 정말 재미있었습니다. 투덜거리며 입장할 때의 모습은 온데간데없이 아이들과 함께 땀을 뻘뻘 흘리며 뒹굴었지요. 다 큰 어른들이 뛰어노는 것이 재밌어 보였는지 몇몇 아이들도 같이 놀자며 다가왔습니다. 아빠와 함께 뛰는 우리 아이들의 얼굴에 웃음꽃이 가득했던 것은 물론입니다.

만약 제가 밖에서 아이들을 지켜만 보고 있었다면 어땠을까요? 아이와의 교감도 없었을 테고 분명 그 시간에 스마트폰이나 만지작거리고 있었을 겁니다. 하지만 아이와 함께 표를 끊고 들어간 덕분에 그 어느 때보다 아이와 몰입해서 놀 수 있었습니다.

'내일은 아이들과 좀 더 재미있게 놀아야지.'

'내일은 아이와 놀 때 스마트폰을 만지지 않아야지.'

다짐만 하고 실천으로 옮기지 못한 제가 육아에 더욱 집중할 수 있게 해준 것은 환경 설정이었습니다. TV를 안방으로 옮기고 거실을 서재로 꾸민 덕분에, 스마트폰 침대 덕분에, 키즈카페에서 어른 표를 함께 끊은 덕분에 아이와의 관계가 더욱 가까워졌습니다. 환경 설정이 의지를 이기듯, 육아에서도 환경 설정이 반입니다.

효과적인 시간 재분배

직장인 아빠에게 가장 소중한 시간은 언제일까요? 가족과 함께하는 시간, 자기계발에 투자하는 시간, 큰 프로젝트를 준비하는 시간 등 다양할 것입니다. 그렇다면 직장인 아빠에게 시간이 가장 빠르게 지나간다고 느껴지는 때는 언제일까요? 여러 가지가 있겠지만 개인적으로는 '아내가 아이들을 데리고 친정에 갔을 때'가 아닐까 싶습니다. 눈치 보지 않고 친구와 지인을 가장 편하게 만날 수 있는 시간이기 때문입니다.

둘째 아이가 두 돌쯤 되었을 때 일입니다. 아내가 아이들을 데리고 친정에 간 덕분에 또 한 번 선물 같은 자유 시간이 주어졌습니다. 얼른 친구들에게 연락해서 약속을 잡았습니다. 오랜만에 만난 친구들과 술잔을 기울이며 옛 추억에 빠져들었지요. 가족 약속 때문에 오지 못할 것 같다고 했던 친구도 참석했습니다. 한참 이야기를 나누고 있는데 그 친구가 불쑥 이런 말을 하더군요.

"너희들은 외로울 때 없냐? 나는 가끔 이상하게 외로움을 느낄 때가 있어. 아내랑 관계도 좋고 애들도 잘 크고 결혼생활이나 직장 생활에 불만이 있는 것도 아닌데 말이야. 외로울 게 없는데도 외롭다고나 할까. 너희들 연락받고 나니까 다들 너무 보고 싶더라고. 원래 저녁에 가족끼리 외식하기로 했었는데 다음으로 미뤘어. 내가 좀 이상한가?"

학창시절부터 성실했고 결혼 후에도 모범적인 남편이자 아빠로 살아가는 친구의 느닷없는 고백(?)에 다들 조금 놀랐습니다. 아직 결혼하지 않은 친구는 부족한 것 없는 놈이 행복한 소리 하고 있다며 맹비난(?)을 했죠. 하지만 저를 포함한 아빠들은 친구의 말에 고개를 끄덕였습니다. 아마 한창 아이를 키우고 있는 엄마들 역시 "외로울 게 없는데도 외롭다."라는 제 친구의 말이 어떤 의미인지 느낌이 오실 겁니다.

사랑하는 사람과 결혼을 하고, 눈에 넣어도 아프지 않은 아이들과 함께 행복하게 지내지만 우리는 가끔 외로움을 느낍니다. 불현듯 옛 친구들이 생각나고 보고 싶을 때가 있지요. 특히 직장 일이나 육아로 인해 몸과 마음이 지칠 때면 더욱 그렇습니다. 물론 아빠에게 가장 큰 힘이 되는 존재는 아내와 아이들입니다. 언제나 나를 응원해주는 아내와 현관문을 열면 버선발로 뛰어나오는 아이들은 삶의 가장 큰 기쁨이지요. 하지만 남자들끼리, 특히 오랜 친구들과 함께 이야기를 나누며 위로를 받고 싶을 때도 있기 마련입니다. 드라마에서 남자들끼리 포장마차에서 소주 한잔 기울이는 그런 장면처럼 말이죠.

그런데 일과 가정의 균형을 맞추려다 보면 저녁에 친구들을 만나러 나가기가 쉽지 않습니다. 가뜩이나 야근에 회식에, 늦게 들어오는 날이 많아 아내와 아이들에게 미안한데 친구들 만난다고 밤에 또 나가겠다니요! 어림 반푼어치도 없는 소리입니다.

그래서 시작한 것이 친구들과의 브런치 모임입니다. 한창 아이에게 손이 많이 갈 시기이다 보니 저녁에 집을 나서기가 부담스러운 것은 저나 친구들이나 매한가지였거든요. 무거운 마음으로 집을 나설 바엔 차라리 아침 일찍 만나 수다나 신나게 떨자고 한 것입니다.

처음 친구들에게 밤에 만나지 말고 토요일 아침 9시에 브런치 카페에서 보자고 말했을 때, 친구들의 반응은 "미쳤냐.", "아침에 남자들끼리 만나서 뭘 하냐?", "왜 하필 브런치냐. 그냥 국밥이나 먹지."처럼 부정적이었습니다. 약속 장소에 나와서도 투덜거렸지요.

친구들 말대로 주말 오전 브런치 카페는 밝고 화사한 분위기에 젊은 커플과 여성들로 가득합니다. 옷도 대충 입은 아저씨들이 삼삼오오 앉아 '리코타 치즈 새우 샐러드'나 '아보카도 & 에그 베네딕트'를 먹는 모습 역시 썩 어울리는 그림은 아닙니다. 하지만 막상 해보면 생각이 달라집니다. 만족도가 꽤 높기 때문입니다. 투덜거리던 친구들도 분위기에 금세 적응해 이야기꽃을 피웁니다. 지금은 누가 만나자고 하면 당연히 아침에 보는 것으로 생각합니다. 아빠들이 필요했던 건 술이 아니라 보고 싶은 친구들과 하고 싶은 이야기를 마음껏 하는 것이었으니까요.

아빠들의 아침 모임은 어떤 장점이 있을까요?

가장 큰 장점은 아내의 육아 부담이 가장 덜한 시간에 만날 수 있다는 점입니다. 아무래도 주말 아침은 일주일 중 가장 여유로운 시간이니까요. 아빠들이 야근이나 회식을 할 때 아내에게 미안한 마음을 갖는 이유는 그 시간이 매우 힘들다는 것을 잘 알기 때문입니다. 남편이 늦게 들어오면 아내 혼자서 아이들을 씻기고, 저녁을 해 먹이고, 장난감을 정리하고, 책을 읽어주고, 울면 달래고, 재우기까지 해야 합니다. 예민해지기 쉬운 환경이지요. 낮에 일을 했든 육아를 했든 간에 저녁이 되면 몸도 지치고 조금 쉬고 싶은 것이 사람 마음입니다. 그러다 보니 아내로서는 집에 늦게 들어오는 남편을 이해하면서도 밝게 맞아주기가 힘듭니다.

반면 주말 아침은 한결 여유롭습니다. 유치원에 보내기 위해 아침부터 아이들을 보채지 않아도 됩니다. 저녁보다 체력이나 컨디션도 좋아 덜 힘들지요. 실제로 아침 모임을 마치고 집에 들어오면 집안의 공기와 아내의 표정이 밤에 들어왔을 때와는 사뭇 다르다는 것을 알 수 있습니다. 오전 모임을 마치고 돌아오면 이젠 아내가 나갈 차례입니다. 아내에게 자유 시간을 주고 아이들과 함께 시간을 보내니 아내도 남편의 모임을 응원해줍니다.

그뿐 아닙니다. 아빠의 아침 모임은 시간도, 돈도 아끼게 해줍니다. 친구들과 저녁에 만나 힘든 일을 이야기하다 보면 과음을 하게 되는 경우가 많지만 아침 모임은 가볍게 커피 한 잔, 술을 마시더라도 맥주 한 잔 정도가 보통입니다. 모임을 마치고 집에 들어와도 평소 주말 아침에 제가 일어나는 시간과 큰 차이가 없습니다. 귀가 시간이 하염없이 늘어지지 않는 데다가 지출도 많지 않으니 이보다 좋을 수 없습니다.

운동을 좋아한다면 친구들과 운동을 같이하는 것도 좋은 방법입니다. 약속 시각은 오전 7시, 장소는 근처 체육센터. 배드민턴 한 게임 하고 국밥집에서 따뜻한 국밥 한 그릇 뚝딱 해치우며 헤어지는 겁니다. 지출은 만 원이 채 안 되지만 사내들의 우정은 술자리보다 더욱 깊어질 것입니다.

일본의 '합격 사과' 이야기를 들어보셨나요? 사과 생산지로 유명한 일본의 아오모리현은 1991년 태풍으로 인해 막심한 피해를 보게 됩니다. 한 해 농사를 망친 모두가 절망에 빠져버렸죠. 이때 한 농부가 아이디어를 냅니다. 남은 10%의 사과에 '떨어지지 않는 사과'라는 이름을 붙여 판매하자는 것이었습니다. 지푸라기라도 잡는 심정으로 시장에 내보인 이 사과는 등장과 함께 대박 상품으로 자리매김합니다. 10배나 높은 가격에도 불티나게 팔렸지요. 입시와 맞물려 합격을 기원하는 학부모와 수험생의 불안함을 제대로 겨냥했기 때문입니다. 관점을 바꾼 덕분에 절망에 빠진 농가가 다시 일어날 수 있었습니다.

직장인 아빠도 마찬가지입니다. 일에 치여, 가족에 치여, 보고 싶은 친구들도 만나지 못한다면 마음의 병이 생길지도 모릅니다. 저녁에 친구들을 만나러 가는 것이 부담된다면 약속 시각을 오전으로 바꿔보세요. 코로나로 인해 친구들과 밖에서 만나기 어렵다면 화상 앱을 활용해 온라인에서 만나는 것도 좋고요. 아오모리현의 '합격 사과'처럼 남자들의 모임에 대한 관점을 바꿔보는 겁니다. 단지 만남의 시간을 바꾸는 것만으로도 나의 행복과 가정의 행복 모두를 얻을 수 있을 것입니다.

밀당육아 즐기기

사랑하는 마음만 가지고 연애에 성공할 수 있을까요? 저는 중학교 시절 처음으로 사랑이라는 감정을 느꼈습니다. 그러고는 참 바보처럼 행동했습니다. 사랑을 하면 상대방을 위해 모든 것을 맞춰주고 희생해야 하는 줄 알았기 때문입니다. 선물하는 횟수가 사랑의 크기와 비례한다고 여겼고, 데이트 장소나 식사 장소를 정할 때도 상대방이 결정하게 하는 것이 배려라고 생각했었죠.

저의 이런 태도에 상대방은 어떻게 반응했을까요? 상대방은 제가 원하는 대로 반응하지 않았습니다. 제가 다가갈수록 그녀는 거리를 두었고, 제가 한 걸음 다가가면 두 걸음 뒤로 물러섰지요. 호감이 자라야 할 자리를 부담감이 차지했고, 부담스러운 제 행동이 외려 저에 대한 흥미를 떨어뜨렸기 때문입니다.

여러 실수(?) 끝에 저는 상대방에게 모든 것을 맞춰주는 것보다 나를 잃지 않는 것이 더 중요하다는 사실을 알게 되었습니다. 한번 잘해주고 한번 튕기는 것이 아니라 내 일에 충분히 집중하면서 상대방도 아낌없이 사랑하는 것이 성공적인 밀당임을 깨닫게 되었죠. 덕분에 지금의 아내와 결혼할 수 있었습니다.

그때 느꼈던 밀당의 기분을 육아하면서도 느낄 때가 많습니다. 무조건 밀기만 하면 아이들은 마음의 문을 닫아버립니다. 그렇다고 당기기만 하면 버릇없는 아이가 되기 쉽고, 교육의 효과도 반감됩니다. 제가 아이들과 지지고 볶으면서 깨달은 밀당의 원칙은 다음 세 가지입니다.

첫째, 조급증과 욕심을 내려놓아야 합니다.

첫째 아이가 다섯 살 때 일입니다. 영어교육에 관한 책을 읽고 아이에게 영어 노출을 해야겠다고 생각했습니다. 유명하다는 영어 그림책을 보여주고, 영어 만화도 틀어주었죠. 하지만 아이의 거부반응이 만만치 않았습니다.

아이는 "영어 싫어! 한글 틀어줘!" 하고 소리쳤습니다. 어찌나 강하게 거부하던지 이러다가 역효과만 나겠다 싶었습니다. 급하게 영어 환경을 만들기보다는 시간을 두고 천천히 다가가야겠다고 생각했지요. 그래서 아이가 좋아하는 바다생물이 그려진 영어책을 슬쩍 보여주면서 말했습니다.

"도서관에서 승유가 좋아하는 바다생물 책이 있어서 빌렸는데 영어책이네. 나중에 혹시 읽고 싶으면 아빠한테 말해줘*(당기기)*."

좋아하는 바다생물을 보여주었는데도 아이는 관심을 보이지 않았습니다. 그래도 계속 시도했습니다. 다른 바다책을 빌려다 아이 주변에 놓되 먼저 권하지는 않았습니다*(밀기)*.

잠자리 독서를 할 때도 아이가 원하는 책을 읽어준 후 아빠가 읽고 싶은 책이라며 영어책을 꺼냈습니다*(당기기)*. 아이는 관심을 보이지 않았지만 내가 영어 공부한다는 생각으로 재미있게 읽었습니다. 유아 영어 그림책도 모르는 표현이 많아 공부하기에 참 좋았습니다. 동시에 바다생물이 나오는 영어 동영상도 열심히 찾았습니다. 유튜브에서 '옥토넛'이라는 만화를 발견하고 영어 버전만 따로 골라놓은 후 아이에게 말했습니다.

"승유가 바다생물을 좋아해서 아빠가 찾아봤는데 옥토넛이라는 만화가 있더라. 근데 아빠가 영어로 된 영상밖에 구하지 못했어(거짓말이었습니다. 아들, 미안!). 승유가 영어 싫어해서 아빠가 보여주지는 않을 건데*(밀기)* 혹시 나중에 보고 싶은 마음이 생기면 말해*(당기기)*."

드디어 아이가 관심을 보이기 시작했습니다. 아이가 싫증 내지 않도록 옆에 앉아 이야기를 나누며 만화를 보았습니다*(당기기)*. 옥토넛 이후로 아이의 영어 거부감은 조금씩 줄어들었습니다. 옥토넛 영어 그림책에도 반응을 보이더니 이내 다른 바다생물 영어책에도 관심을 두기 시작했죠. 지금 당장 해야 한다는 욕심을 내려놓은 덕분에 아이에게 영어를 해야 한다고 보채지 않았고, 천천히 기다린 덕분에 아이가 흥미를 보이는 분야를 찾을 수 있었던 것입니다. 아내와 저는 그 뒤로도 다양한 영어 그림책과 DVD를 보여주며 아이의 관심을 확장했습니다. 이제 저희 아이들은 영어에 대한 거부감을 보이지 않습니다. 잠자리 독서를 할 때도 영어책을 읽어달라며 가져오는 날이 많아졌지요. 아직은 아이들에게 영어 노출만 하는 수준이지만, 언젠가 아이들이 영어를 배울 준비가 되면 지금 가진 영어에 대한 친근감이 분명 도움이 되리라 생각합니다.

둘째, 밀당의 기본은 일관성입니다.

아이들을 키우며 제가 가장 힘들었던 순간이 바로 식사시간이었습니다. 식사 준비가 끝났다고 불러도 좀처럼 식탁으로 오지 않았기 때문입니다. 밥상 앞에서 먼 산 보듯 앉아만 있거나 밥을 입에 머금고만 있을 때도 많았습니다. 제가 어렸을 때 그랬다고 하니 누굴 탓할 수도 없는 노릇이었습니다. 그러다 보니 아이들에게 식사예절을 강조하기보다는 어떻게든 밥을 먹이느라 바빴습니다.

하지만 제가 아이들을 졸졸 쫓아다니며 밥을 먹일수록 아이들의 식사예절은 더욱 나빠졌습니다. 자리에 앉아 있는 것도 힘들어하고 밥을 떠먹여 주기만을 바랬습니다. 계속 이럴 수는 없겠다 싶어 규칙을 정했습니다.

먼저 식사시간을 1시간으로 정했습니다. 식사시간이 지나면 무조건 밥상을 치운다는 것을 알려주고, 밥을 다 먹지 않으면 다음 식사 때까지 간식을 먹지 못한다는 규칙도 정했습니다.

아이들과 약속을 한 후 식사시간이 지나면 음식을 치웠습니다. 먹지 않는 아이들의 모습을 보면 여전히 화가 났지만, 심호흡하며 차분히 대응했습니다. 아이들 감정이 상하지 않게 아빠가 음식을 치우는 이유를 차분히 설명해준 후 간식을 주지 않았고, 저도 먹지 않았습니다.

아이들을 당기기만 했던 저의 행동(맛있는 간식, 떠먹이기)은 밀기(시간 정하기, 식사를 마치지 않으면 간식 못 먹기, 밥 먹자고 사정하지 않기)를 만난 후에 조금씩 효과를 보기 시작했습니다. 밥을 먹이려고 식사시간 내내 아이들 뒤를 쫓아다니지 않아도 되었고, 아이들도 자리에 예쁘게 앉아 밥을 먹는 날이 조금씩 늘어났습니다. 일관성과 매달리지 않는 태도가 얼마나 중요한지 느낄 수 있었습니다.

셋째, 게임을 할 때는 아이들이 마냥 이기게만 하지 않았습니다.

아이들은 게임을 할 때 어떻게든 이기려고 합니다. 지고 나면 속상한 마음에 울기도 하고 삐지기도 하지요. 아이들이 성장하는 과정에서 반복적인 승리 경험은 정말 중요합니다. 하지만 저는 언제나 아이들이 이기게 하지는 않습니다. 승리욕을 가지고 이기려고 노력하는 것도 좋지만 잘 지는 방법도 알아야 하기 때문입니다.

아이와 게임을 하면 저는 적절히 난이도를 조절해서 이기는 경험과 지는 경험을 동시에 경험하게 했습니다. 아이에게 이기는 경험을 많이 주는 편*(당기기)*이지만 가끔은 아이가 여러 번을 연속해서 지게 만들 때*(밀기)*도 있습니다. 아이들이 이기면 저는 손을 내밀어 축하의 악수를 합니다. 그리고 이긴 사람이 게임을 정리하도록 합니다. 이기고 지는 경험을 반복한 덕분에 이제는 게임에서 졌다고 판을 엎거나 울지 않습니다. 대신 "한 판 더!"를 외치며 다시 도전하지요. 밀당의 효과 덕분입니다.

이처럼 육아에 밀당의 법칙을 적용하니 육아가 좀 더 재미있게 느껴졌습니다. 하지만 밀당이 아이들에게 잘 먹히지 않는 경우가 있습니다. 바로 아이들의 약을 올리거나 거짓 흥미를 유발할 때입니다.

"와, 이거 정말 맛있다. 너무 맛있는데? 아빠 혼자 다 먹어야지?"

(밥을 먹지 않아 간식을 먹지 못하는 아이 앞에서 약 올리는 행동)

"와, 이 영어책 너무 재밌다. 이거 읽으면 엄청 똑똑해질 텐데."

(거짓과 과장을 바탕으로 한 흥미 유발 행동)

제가 거짓말을 하면 아이들은 귀신같이 제 마음을 알아차렸습니다. 절대 제 의도대로 움직이지 않았죠. 밀당에서 가장 중요한 진심이 빠졌기 때문입니다.

오늘도 저는 아이들과 끊임없이 밀당을 하고 있습니다. 아이들과 함께 웃고, 울며, 화내고, 사과하는 이 모든 과정이 꼭 연애하는 것 같습니다. 여러분도 아이들을 향한 조건 없는 사랑에 '진심'이라는 양념을 넣어 연애하듯 재미있게 육아를 하는 것은 어떨까요?

욕심 내려놓기

우리나라 부모에 관해 이야기할 때 절대로 빠지지 않는 키워드 중 하나가 바로 교육열입니다. 2009년, 오바마 대통령이 백악관에서 열린 교육포럼에서 한국 부모들의 뜨거운 교육열이 부럽다며 공개적으로 말할 정도이지요. 늦은 밤 대치동 학원가에 아이들을 데리러 온 부모님의 차가 줄지어 서 있는 것도 우리에겐 놀랍지 않은 풍경입니다. 이처럼 우리나라 부모는 자식 교육에 도움이 된다면 어떠한 노력도 마다하지 않지만 이에 대한 아이의 반응은 제각각입니다.

"하버드, 하버드 노래를 불렀잖아. 엄마 아빠는 날 사랑한 게 아니라 하버드생 차세리를 사랑한 거겠지."

2018년 말 비지상파 최고시청률을 경신했던 드라마 〈SKY캐슬〉에서 로스쿨 교수인 차민혁의 딸 차세리의 대사입니다. 하버드에 거짓으로 입학한 것을 알게 된 엄마가 어떻게 된 것이냐고 묻자 그간 감춰왔던 속마음을 내뱉었지요. 이 장면은 2015년, 하버드대와 스탠퍼드대에 동시 입학하며 화제를 불러일으켰으나 입학 사실 자체가 거짓으로 밝혀진 김양의 실제 사건을 모티브로 했다고 알려져 있습니다.

"저는 피아노 대회에 나갈 때마다 자신을 행운아라고 느꼈어요. 많은 친구가 대회도 힘들지만, 대회에서 우승하지 못했을 때 받아야 하는 가족의 눈총을 더 힘들어했거든요."

반면 줄리아드스쿨 음악대학원을 나온 세계적 피아니스트인 이소연 씨는 가족들이 피아니스트 이소연을 사랑한 것이 아니라 인간 이소연을 사랑한 덕분에 자신이 피아노를 사랑할 수 있었다고 말합니다.

차세리와 이소연 씨의 부모님 모두 자식들을 위해 최선을 다했습니다. 하지만 그 결과는 꽤 달랐습니다. 어디에서 이런 차이가 생겼을까요? 차세리는 자신의 목표 달성에 있어 가족의 시선이 부담이었고, 이소연 씨는 그 점에서 벗어났기 때문입니다. 차세리의 실제 인물인 김양 역시 본인에 대한 주위의 높은 기대로 학업에 대한 스트레스가 상당히 심했다고 말했습니다. 지나친 기대가 격려보다는 독이 된 것입니다.

가난한 세탁소집 아들이었던 차세리의 아빠 차민혁은 자신이 이룬 부와 사회적 지위를 자녀가 잇지 못할 것이라는 불안감에 사로잡혀 있습니다. 그는 우리 사회가 피라미드로 이루어져 있으며 그 피라미드의 어느 곳에 내가 있는지가 중요하다고 강조합니다.

씁쓸한 사실은 차민혁의 피라미드 이론에 많은 직장인 아빠가 공감한다는 점입니다. 직업에 귀천이 없고 세상은 따뜻하다고 배웠지만, 우리가 경험한 세상은 마냥 따뜻하지만은 않았으니까요. 사회의 냉정함을 알기에 부모는 적어도 내 아이만큼은 내가 느끼는 고단함을 겪지 않길 바랍니다. 하지만 '사랑하기 때문에', '다 너를 위해 그렇다.'와 같이 좋은 말로 포장된 부모의 마음은 아이에게 부담만 줄 뿐입니다.

중학교 시절 있었던 일입니다. 함께 어울리던 친구들과 야구장에 가기로 했는데 한 친구가 이런 말을 했습니다.

"이번에 OO는 빼고 우리끼리만 가자."

"왜? OO가 야구를 얼마나 좋아하는데. 너 OO랑 싸웠어?"

"아니, 그게 아니고 어제 우리 엄마가 학부모총회를 다녀왔는데, OO 엄마가 그 자리에서 한 말씀하셨나 봐. OO랑 놀지 좀 말아 달라고. 작년까지 전교 1등이었는데 우리랑 어울리면서 성적 떨어졌다고 하셨대."

OO 엄마의 학부모회 발언은 저희는 물론 부모님들 사이에서도 큰 충격이었습니다. 엄마의 행동에 제 친구는 어떻게 반응했을까요? 뒤늦게 이 사실을 알게 된 OO는 큰 충격을 받았습니다. 엄마의 행동에 분노하고, 엄마가 하라는 공부는 오히려 더 멀리했죠. OO의 눈에 비친 엄마의 행동은 사랑이 아닌 욕심이었던 것입니다.

수많은 전문가가 자녀 양육에 있어 반드시 버려야 할 것이 부모의 욕심이라고 합니다. 이런 말을 들으면 저도 연신 고개를 끄덕입니다. 아이가 학교에 가더라도 절대 그러지 않겠다고 다짐하면서요. 하지만 부모의 욕심은 아이가 학교에 갔을 때 생기는 것이 아닙니다. 어린아이를 키우는 부모 역시 자신도 모르는 사이 사랑으로 포장된 욕심을 아이에게 전달하고 있을 수 있습니다.

"승유 소근육 발달이 또래 아이들보다 조금 더딘 것 같아요."

첫 아이가 30개월쯤 되었을 때 어린이집 선생님으로부터 연락을 받았습니다. '서두르지 말자.'라는 육아 지론을 가지고 있었지만, 아이의 발달이 더디다는 이야기를 들으니 조급해졌습니다. 부랴부랴 인터넷 검색을 해보니 그맘때 아이들은 가위질도 잘하고 그림도 꽤 알아볼 수 있게 그리더군요. 제 아이는 크레파스를 겨우 쥐고 선 하나 그리는 게 고작이었는데 말이죠. 저와 아내는 그날부터 열정을 다해 아이에게 가위질과 그림 그리기를 시켰습니다.

엄마 아빠의 노력으로 아이의 소근육은 얼마나 발달했을까요?

나름 아이의 감정에 신경 쓰며 다가갔지만 아이는 전혀 흥미를 느끼지 못했습니다. 신나는 분위기를 만들어도 내켜하지 않았죠. 해보지도 않고 "못 해. 아빠가 해!"라고 말했습니다. 소근육을 키운다며 열심히 다가갔던 시간, 아이는 저의 사랑보다는 욕심을 느꼈을 겁니다. "아니, 그렇게 하는 게 아니야!" 하며 미세하게 올라가는 음성, "이거 할 수 있어야 멋진 사람이 되는 거야." 하는 논리적이지 않은 말과 안타까워하는 표정 등에서 말이죠.

여러 시행착오 끝에 저희 부부는 아이의 소근육 발달 문제를 크게 걱정하지 않기로 했습니다. 언제든지 만들기, 그림 그리기를 할 수 있도록 재료를 아이 주변에 두되 시간이 해결해 주리라는 믿음을 갖고 기다렸습니다.

그로부터 4년이 지난 지금 아이의 소근육 발달은 어떤 상태일까요? 여전히 또래 아이들보다 조금 더딜까요? 전혀 그렇지 않습니다. 가위질을 잘하지 못했던 아이는 이제 모양도 잘 내고, 그림도 재미있게 잘 표현합니다. 또래보다 조금 늦었을 뿐 아이만의 발달 과정을 자연스럽게 밟고 있었던 것입니다.

칼릴 지브란은 '아이들에 대하여'라는 시에서 이렇게 말합니다.

그대의 아이는 그대의 아이가 아니다.
아이들은 스스로를 그리워하는 큰 생명의 아들과 딸들이니,
아이들은 그대를 거쳐서 왔을 뿐 그대로부터 온 것이 아니다.
또 그대와 함께 있을지라도 그대의 소유가 아니다.

부모의 사랑과 욕심은 종이 한 장 차이입니다. 얼핏 보면 알아차리기가 정말 어렵습니다. 하지만 부모로서 우리는 반드시 기억해야 합니다. 부모인 우리가 사랑과 욕심을 구분하지 못할 때 우리가 사랑하는 아이들이 가장 고통받는다는 것을, 부모의 사랑은 아이가 내 소유가 아님을 인정하는 데서 시작한다는 것을 말이죠.

Chapter 7

아빠이자 남편으로 살아가는 기쁨

꿈을 지지해주는 부부 관계의 행복

예전에 블로그에 일과 양육에 관한 글을 쓴 적이 있습니다. 운 좋게 포털사이트 메인에 몇 번 오르기도 했었죠. 하루 사이에 만 명이 넘는 분이 제 글을 읽어주셨는데, 그중 이런 댓글이 눈에 들어왔습니다.

"힘들게 일하고 집에 오면 아내는 아이를 완전히 제게 맡깁니다. 본인은 육아 퇴근이라면서 아무것도 하지 않습니다. 아이는 당연히 제가 재웁니다. 직장에서 일하고 돌아왔지만 어디 나가서 놀다 온 사람 취급을 받는 것 같아 마음이 좋지 않았습니다. 육아가 힘든 것을 알기에 주로 제가 참는 편이지만 솔직히 이해가 잘 가지 않습니다. 계속 이렇게 살아야 할까요?"

서로 사랑해서 행복하려고 한 결혼생활이 육아 문제로 삐거덕거리기 시작합니다. 다른 사람은 몰라도 내 남편, 내 아내는 나를 이해해줄 것이라고 믿어 의심치 않았는데 기대와 다른 그(그녀)의 행동은 서운함을 불러일으키지요. 아내와 남편 모두 몸과 마음이 지친 상태에서는 더욱 그렇습니다. 털끝을 삐죽 세운 고양이처럼 상대방의 말에 예민하게 반응합니다.

육아에서 시작된 이러한 문제들은 어떻게 해결해야 할까요? 앞서 댓글을 달아주신 남편들은 집안일에 손도 대지 않고 아이와 소통도 하지 않는 가부장적 아빠들이 아닙니다. 일과 가정의 균형을 지키고자 노력하는 분들이시죠. 이분들에게 "육아는 공평해야 합니다. 직장 일 때문에 힘드시겠지만 그래도 남편이 더 노력해야지요."라는 말로는 문제가 해결되지 않습니다. 저는 이 문제에 대한 답을 육아에서 찾아서는 안 된다고 생각합니다.

답을 찾기에 앞서 2019년 노벨경제학상을 받은 마이클 크레머 교수의 이야기를 소개해드리고 싶습니다. 2007년, 그는 아프리카 케냐에서 한 프로젝트를 진행했습니다. 프로젝트의 목적은 케냐 아이들의 학교 출석률과 성적을 향상하는 것이었습니다. 이를 위해 가장 먼저 그가 한 일은 학교에 많은 교과서를 제공하는 것이었습니다. 여러 명이 한 권의 교과서를 돌려봐야 하는 열악한 환경을 개선하면 보다 많은 아이가 학교에 올 것으로 생각했기 때문입니다.

다음으로 크레머 교수는 플립차트를 만들어 학생들에게 제공했습니다. 교과서를 이해하지 못하는 학생들이 많다 보니 보조교재를 활용해 학습능력을 높이려 한 것입니다. 그뿐만 아니라 더 많은 수의 교사를 모집하여 학급당 학생 수도 줄였습니다. 하지만 최상위권 학생들 일부에게만 효과가 있었을 뿐, 아이들의 출석률과 성적은 크게 나아지지 않았습니다. 크레머 교수는 고민에 빠지기 시작합니다.

그러던 어느 날 한 친구가 크레머 교수에게 구충제를 써볼 것을 권유합니다. 아프리카에는 기생충으로 잔병을 앓는 아이들이 많다는 점에 착안한 것이었습니다. 구충제의 효과는 어마어마했습니다. 아이들의 학교 결석률이 무려 25% 줄었습니다. 교과서로도, 플립차트로도, 더 많은 선생님으로도 해결되지 않았던 출석률이 구충제 덕분에 획기적으로 늘어난 것입니다. 게다가 구충제는 가격도 저렴해 한정된 예산으로 더 많은 지역에 배포할 수 있었습니다. 프로젝트는 대성공이었습니다.

크레머의 동료들은 여기에 그치지 않았습니다. 그들은 기생충 감염 치료를 받았던 아이들의 삶을 약 10년간 추적 조사했습니다. 어떤 결과가 나왔을까요? 기생충 치료를 받은 아이들은 치료를 받지 않았던 아이들보다 주당 3.4시간 더 일했으며 소득도 20%나 높았습니다. 아무도 생각지 못했던 구충제가 단순히 학교 출석률과 성적만 향상한 것이 아니라 아이들의 인생 자체를 변화시킨 것입니다.

육아 문제도 마찬가지입니다. 나는 최선을 다하고 있는데 상대방은 더 많은 것을 원할 때 갈등이 시작됩니다. 특히 육아에 대한 불만이 다른 사람과의 비교로 이어지면 갈등의 정도는 더욱 커집니다. 이는 부부싸움으로 번지기도 하고 어느 한 사람이 참고 넘어가면서 일단락되기도 합니다.

그런데 한 사람이 일방적으로 참는 것은 갈등의 근본적인 해결책이 되지 못합니다. 내 마음을 돌보는 과정을 생략한 채 상대방의 기준에 억지로 맞추었기 때문입니다. 겉보기에만 잠잠해 보일 뿐 그대로 남아있는 갈등은 심할 경우 육아 우울증, 직장에서 관계 문제, 건강 문제로 이어질 수 있습니다. 그렇기에 우리는 육아 갈등의 근본적인 해결책을 찾아야 합니다. 크레머 교수가 생각지도 못했던 구충제를 통해 케냐 어린이들의 출석률과 성적을 높였던 것처럼 말입니다. 육아 문제의 진짜 원인, 저는 그것이 잃어버린 꿈에 있다고 생각합니다.

사랑하는 아이들을 위해 우리는 기꺼이 많은 것을 포기합니다. 하고 싶은 것, 사고 싶은 것, 먹고 싶은 것을 다음으로 미룹니다. 힘들게 들어간 직장을 그만두기까지 하지요. 문제는 이 과정에서 나 자신을 잃어버릴 때 발생합니다.

'나는 누구지?', '나 OOO의 삶은 어디 있지?', '내가 좋아하는 것은 뭘까?', '예전의 나는 지금 이 나이에 무엇을 하고 싶었지?'

내 삶에 나는 없고, 누군가의 배우자, 또는 OO의 엄마, 아빠라는 이름으로만 살아갈 때 우리는 서서히 꿈을 잃어버립니다. 하지만 내 내면은 그렇지 않습니다. 엄마, 아빠의 역할 못지않게 나 자신으로 살기를 원하지요. 꿈을 잃어버린 현실에서의 나와 꿈을 갈망하는 내면의 내가 서로 충돌합니다. 그리고 그 충돌은 의도치 않게 배우자에 대한 비교와 현재 상황에 대한 불만으로 나타납니다.

반면 꿈을 갖고 살아가는 사람들은 조금 다른 모습을 보입니다. 그들에게도 아이들은 높은 우선순위를 차지합니다. 하지만 그들은 하루 중 잠깐이라도 나의 꿈을 위해 투자하는 시간을 가집니다. 누군가의 엄마, 아빠라는 이름으로만 살아가지 않고 나를 돌보는 것을 절대 잊지 않지요. 꿈이 주는 힘을 알기에 하루를 감사하고 알차게 보낼 수 있습니다. 내면이 단단하여 비교의 늪에 쉽게 빠지지도 않습니다.

육아 문제로 인해 아내와의 의견 차이가 좁혀지지 않는다면 아내의 꿈이 무엇인지 살펴보세요. 아내의 꿈을 알았다면 나중으로 미루지 말고 적극적으로 지지해줍시다. 부끄럽습니다만 저도 아내의 꿈이 무엇인지 모른 채 오랜 시간을 보냈습니다. 그래서 아내에게 직접 물어보았습니다.

"여보, 당신의 꿈은 뭐야?"

"글쎄, 잘 모르겠어."

아내의 꿈이 무엇인지도 모르고 살았다는 생각에 미안한 마음이 들었습니다. 남편으로서 내가 어떤 역할을 할 수 있을지를 생각해보았습니다. 아직 잘 모르겠지만 두 가지는 확실히 하겠다고 다짐했습니다. 아내의 일상, 마음에 좀 더 관심을 두고 이야기하는 것, 아내가 배우거나 경험하고 싶은 것이 있으면 빚을 내서라도 아끼지 않겠다는 것이었죠.

아내는 여전히 꿈을 찾고 있습니다. 그리고 육아로 바쁜 와중에도 몇 가지 단기 목표를 세우고 이뤄냈습니다. 아이들을 재운 후 달밤에 체조하면서 몸무게를 연애하던 시절만큼 줄였습니다. 나중에 세계여행을 가겠다며 세계사 자격증도 땄고, 도서관 프로그램에 참여하여 아이들을 위한 그림책도 그렸습니다. 놀라운 것은 그런 아내의 변화가 집안 전체에 긍정적인 영향을 미치고 있다는 점입니다. 육아에 지쳐있는 모습이 많이 사라졌고, 아이들에게 인상을 쓰거나 화를 내는 일도 부쩍 줄었습니다. 남편 회식 잘 보내주는 것은 덤이고요. 바쁜 와중에도 스스로 무언가를 해내는 아내의 모습이 제 눈에도 정말 멋져 보입니다.

다시 크레머 교수 이야기로 들어가 보겠습니다. 그가 처음에 시도했던 일들(교과서, 플립 차트, 교사 모집)은 결코 무의미한 것이 아니었습니다. 구충제를 먹은 아이들의 출석률이 증가하자 비로소 효과가 나타나기 시작했습니다. 아이들은 충분한 교과서와 학습 자료로 더 쉽고 재미있게 공부할 수 있었고, 늘어난 교사는 교육의 질을 높였습니다. 출석률 증가와 학습 환경 개선이 만나 큰 시너지를 일으킨 것입니다. 육아도 그렇습니다. 육아를 함께 하려는 아빠의 노력, 그리고 아내의 꿈을 알고 이를 지지하는 마음은 언제나 긍정적인 변화를 일으킵니다.

'꿈이 없는 사람은 다른 사람의 꿈을 위해 살게 된다.'라는 말이 있습니다. 나를 잃어버린 채 아이만을 위해 살지 맙시다. 육아에 바쁠수록 내 꿈과 배우자의 꿈을 찾고 지지합시다. 놀라운 변화가 시작될 것입니다.

아이들이 내게 준 선물

3년 전, 국내 한 명상 센터에서 주최하는 명상 포럼에 참여한 적이 있습니다. 명상을 주관한 분은 세계적인 철학자 중 한 명인 프리타지였습니다. 《네 안의 잠든 거인을 깨워라》(씨앗을뿌리는사람)의 저자 토니 로빈스와 〈허핑턴 포스트〉의 창립자 아리아나 허핑턴을 비롯한 수많은 그루의 명상 스승으로 유명하신 분이죠.

포럼 중에 프리타지 선생님께 질문을 던지는 시간이 있었습니다. 운 좋게 저의 질문이 선정되어 선생님의 대답을 들을 수 있었죠. 당시 제가 던진 질문은 이것이었습니다.

"자기계발서나 성공한 사람들의 이야기에는 항상 말 못 할 고통의 순간이 나옵니다. 그들은 당시에는 죽고 싶을 만큼 힘든 고통이었지만 돌이켜 보니 큰 자산이었다고 말합니다. 성공을 위해서는 고통이 필수적이라는 주장에 대해서 어떻게 생각하시나요?"

제 질문에 프리타지 선생님께서는 다음과 같이 말씀하셨습니다.

"고통을 명예로운 것으로 찬양하지 마세요. 고통의 상태는 당신에게 일어날 지성을 앗아갑니다. 고통의 상태는 성장할 수도 성취할 수도 없을뿐더러 이를 기반으로 성공하였다 한들 오래가기 힘듭니다.

젊었을 때 고통을 경험하고 성공한 소수의 사례가 물론 있습니다. 하지만 이는 전체 성공 사례의 0.1%에도 미치지 못합니다. 극히 적은 수치이지만 SNS나 소셜 미디어는 이러한 성공 사례만 크게 부각하고 요란하게 대중에 노출합니다. 나머지 99.9%의 성공은 어떻게 이루어질까요? 이들의 성공 사례는 고통보다는 연결감과 열정을 기반으로 이루어집니다. 하지만 대중에 보도되지는 않습니다. 자극적이지 않으니까요.

성공하기 위해 고통이 필수적이라는 주장은 굉장히 구시대적인 관점입니다. 당신의 삶에 원동력이 되어야 하는 것은 연결성, 더 나은 삶을 위한 열정, 사회에 대한 기여입니다. 결핍과 고통을 기반으로 성공의 길을 가는 것과 열정과 연결감을 가지고 성공의 길을 가는 것은 완전히 다른 경험입니다. 열정과 연결감을 원동력으로 살도록 합시다."

당시 저는 프리타지 선생님의 답변에 고개를 끄덕이긴 했지만 공감하지는 못했습니다. 하루하루를 정신없이 사는 저에게 '연결성, 열정, 기여'를 바탕으로 사는 삶은 나중 이야기라고 생각했었죠. 하지만 이상하게도 그녀가 말한 세 가지 키워드는 그 후로도 계속 제 머릿속에 남았습니다. 그로부터 3년이 흘렀습니다. 이제야 저는 그녀가 말했던 '연결성, 열정, 사회에 대한 기여'를 조금씩 느끼고 있습니다. 그것은 아이들이 성장하는 모습을 가까이서 바라본 덕분이었습니다.

아이들은 세상과 제가 서로 연결되어 있음을 느끼게 해주었습니다.

언젠가 아이들과 함께 목장 체험을 하러 갔을 때 일입니다. 아이들 손을 잡고 동물들에게 먹이를 주러 가는데 큰아이가 잔뜩 흥분한 목소리로 외쳤습니다.

"아빠, 저것 좀 봐. 너무 예쁘다."

아이의 손이 가리킨 것은 나무에 걸려있는 큼지막한 거미줄이었습니다. 저 역시 탄성을 내질렀습니다. 새벽이슬을 머금은 거미줄이 햇빛에 보석처럼 반짝이고 있었기 때문입니다. 그동안 더럽다고만 생각했던 거미줄이 이렇게 아름답게 보이다니! 주변에 이처럼 아름다운 것들이 펼쳐져 있는데 저는 그것도 알아보지 못하고 바쁘게만 살고 있었던 것입니다.

아이들은 계속해서 제게 세상의 경이로움을 알려주었습니다. 길가에 피어있는 예쁜 꽃을 보고 멈출 줄 알았고, 놀이터에서 처음 본 또래 아이들과도 금세 친구가 되었습니다. 그런 아이들 덕분에 저 역시 자연의 일부이며 다른 이들과 에너지를 주고받고 더불어 살아가는 존재임을 느낄 수 있었습니다.

아이들은 제게 열정을 느끼게 해주었습니다.

아이들은 도무지 지치지 않습니다. 뜨거운 한여름에도 땀을 뻘뻘 흘리며 뛰어다니고 에너지가 소진될 때까지 끊임없이 뭔가를 합니다. 그러면서도 노는 시간이 부족하다며 안타까워합니다.

아이들이 무언가에 심취해 있을 때 하는 행동도 흥미롭습니다. 곤충에 빠진 첫째 아이는 매일 밤 끊임없이 곤충 책을 읽어주어야 잠자리에 듭니다. 집에 있는 곤충 책으로는 성에 차지 않는지 도서관에 있는 곤충 관련 책도 거의 다 읽었습니다. 읽었던 책을 읽고 또 읽어 내용도 달달 외울 지경이지요. 밖에서 곤충을 잡아 오면 집에 있는 곤충도감을 찾아보며 관찰하고 풀어주기를 반복합니다. 자다가도 곤충 이야기를 꺼내면 눈을 번쩍 뜹니다.

그런 아이의 모습을 보며 '과연 나에게는 저런 모습이 있나?' 반성할 때가 많습니다. 바쁘게는 살고 있지만, 과연 그 안에 열정이 가득한지는 쉽게 대답할 수가 없었습니다.

아이들은 제가 세상에 이바지하는 삶을 살 수 있도록 해 주었습니다.

아이를 낳기 전, 사회 기여에 대한 제 생각은 직업적인 측면에만 머물렀습니다. 국민의 생명과 재산을 지키는 군인의 역할에 한정했었죠. 그 밖의 사회에 대한 기여는 나중 일이라고 여겼습니다. '좀 더 높은 위치에 오르면.', '좀 더 많은 돈을 모으면.'이라는 생각과 함께 말이죠.

하지만 아이들을 키우며 이러한 생각이 조금씩 변했습니다. 특히 순간의 감정과 분노를 제어하지 못하고 발생하는 많은 사건·사고들은 제게 많은 생각거리를 던져주었습니다. 우리 아이들이 살아갈 세상은 지금보다 더 따뜻했으면 좋겠는데 그렇지 않은 것 같아 아이들에게 미안했습니다. 나중이 아니라 지금, 더 나은 사회를 위해 내가 할 수 있는 일이 무엇일지 생각해보았습니다. 놀랍게도 주변의 많은 분이 이미 그런 삶을 살고 계셨습니다. 그분들의 사회에 대한 기여는 작지만 소중한 것이었습니다. 다른 사람과 대화할 때 예쁜 말을 쓰고, 동료의 고민을 잘 들어주는 것, 내가 누리는 것을 당연히 생각하지 않고 감사함을 표하는 것, 분리수거를 철저히 하고, 일회용품을 줄이는 것 등이었죠. 이처럼 작은 행동이 우리 사회를 따뜻하게 한다는 것을 알고 저 역시 작은 것부터 실천하고자 노력하고 있습니다.

3년 전 저는 왜 프리타지 선생님께 성공을 위해서 고통이 필수적이냐는 질문을 던졌을까요? 그 질문 속에는 "선생님, 저 정말 힘들어요. 왜 세상이 이렇게 힘들어야 하나요?"라는 하소연이 숨어있었을지도 모르겠습니다.

프리타지 선생님은 '연결성, 열정, 세상에 대한 기여'라는 키워드로 저를 위로해주셨습니다. 그리고 저는 아이들 덕분에 그것에 조금 가까워질 수 있었습니다.

지금 제 마음은 분명 3년 전보다 많이 편안해졌습니다. 아이들의 마음으로 세상을 바라보기 위해 노력하고, 아이들의 모습이 곧 나의 모습임을 느끼며 살아가지요. 세상을 끝없이 경쟁해야 하는 곳으로 바라보지 않고 모두가 함께 성장할 수 있는 사회를 꿈꾸게 되었습니다.

생텍쥐페리는 그의 책 《어린 왕자》 서문에서 이렇게 말합니다.

'모든 어른은 한때 어린이였다. 하지만 그 사실을 기억하는 어른은 거

의 없다.'

녹록지 않은 세상을 살아가며 몸과 마음이 지칠 때 저에게 가장 큰 힘이 되었던 존재는 바로 아이들이었습니다. 저 또한 어린이였다는 사실을 기억하게 해준 아이들과 함께 오늘도 조금씩 성장합니다.

효도의 새로운 정의, 내가 잘 사는 것

아이를 기르다 보면 부모님의 사랑이 얼마나 위대한지 알 수 있습니다. 열이 떨어지지 않는 아이를 밤새 간호하면서, 잠투정하는 아이를 달래면서 어린 내 곁에서 뜬눈으로 밤을 지새우셨을 부모님을 떠올릴 때가 많지요. 당연하게 느껴지던 부모님의 사랑이었는데 아이를 키우면서 부모님께 감사하는 마음이 배가 되었습니다.

아빠가 되고 나서야 부모님이 얼마나 위대한 존재인지 깨달았지만 그런 부모님을 위해 무언가 해드리기는 쉽지 않았습니다. 이제라도 부모님을 호강시켜드리고 싶은 마음은 굴뚝같지만, 현실은 그리 녹록지 않았죠. 해외여행도 보내드리고, 좋은 가방, 좋은 옷도 많이 선물해드리고 싶었지만 내 집을 마련해야 한다는 이유로, 아이들 육아용품이 필요하다는 이유로 미루는 일이 많았습니다. 본인을 희생하며 우리를 키워주셨던 부모님께 제 것을, 그리고 제 아이들을 먼저 챙기는 모습이 죄송스럽기도 했습니다.

부모님께 죄송한 마음은 둘째를 낳고 조금 더 커졌습니다. 둘째를 낳은 후부터는 그동안 조금씩 드리던 용돈마저 더는 드릴 수 없었기 때문입니다. 얼마 되지 않는 적은 돈이었지만 아내는 부모님께 꼭 용돈을 드리고 싶어 했습니다. 하지만 아내의 휴직이 계속되고 식구가 한 명 더 늘어나다 보니 돈을 아껴야 했습니다. 고민 끝에 아내에게 양가 부모님께 용돈을 당분간 그만 드리는 것이 어떻겠냐고 말했습니다. "나도 그래야겠다고 생각했어."라고 답한 아내도, 저도 너무나 가슴이 아팠습니다.

부모님께 경제적인 도움을 드리지 못한다는 죄송함은 한 라디오 방송을 계기로 조금 나아질 수 있었습니다. 개그우먼 김숙과 송은이 씨가 진행하는 라디오 프로그램이었는데 당시 김숙은 짠돌이로 유명한 동료 개그맨 김생민 씨와 있었던 집들이 일화를 이야기했습니다.

"예전에 우리 집에서 집들이했었을 때 일이에요. 각자 알아서 선물들을 사 왔는데 김생민 씨는 아무것도 사 오지 않았어요. 그러면서 이렇게 말하더군요. '나는 아무것도 사 오지 않은 대신 화장실 청소를 하겠다.'라고요. 김생민 씨는 그날 정말 깨끗하게 화장실 청소를 해주었어요. 저는 그것만큼 고마운 게 없더라고요. 누가 어떤 음식을 가지고 오고, 어떤 선물을 가져왔는지는 하나도 생각나지 않지만, 화장실을 청소해준 김생민 씨의 모습은 20년이 지난 지금까지도 생생하게 기억하고 있습니다."

김숙과 김생민 씨의 일화에 한참을 웃었습니다. 집들이에 가서 화장실 청소를 했다는 그의 절약 정신에 감탄을 금할 수가 없었죠. 그러다 문득 이런 생각이 들었습니다.

'김생민 씨는 어떻게 집들이에 가면서 선물 대신 화장실 청소를 할 생각

을 했을까? 돈을 아끼는 대신 김숙 씨를 위해 무엇을 할 수 있을지 나름 많은 고민을 하지 않았을까?'

생각은 자연스럽게 부모님에게로 이어졌습니다. 김생민 씨가 김숙 씨를 위해 선물 대신 청소를 한 것처럼 부모님께 경제적 선물 대신 세가 힐 수 있는 것들이 무엇일까 생각해보게 되었지요.

가장 좋은 선물은 부모님께 더 자주 연락드리고, 더 자주 찾아뵙는 것이었습니다.

해외여행이 어려우면 국내 여행이라도 함께하려고 했고, 개인적인 일보다는 집안 대소사에 우선순위를 두고 가족 행사에 될 수 있으면 빠지지 않으려 했습니다. 귀여운 손주들의 재롱을 보며 기뻐하시는 부모님의 모습을 통해 죄송한 마음을 조금이나마 덜 수 있었습니다. SNS도 가족 간의 소통 채널로 활용하였습니다. '네이버 밴드'에 가족 밴드를 만들어 아이들의 사진과 영상을 올렸습니다. 몸은 멀리 떨어져 있지만, 아이들의 사진과 영상을 통해 우리 가족이 잘 지내고 있다는 것을 알려드릴 수 있었습니다.

부모님께 할 수 있는 두 번째 선물은 아내에게 잘하는 것이었습니다.

'시간이 흘러 아이들이 사랑하는 사람과 가정을 꾸렸을 때 내가 가장 바라는 것이 무엇일까?'를 떠올려 보았습니다. 아직 먼 일이라 쉽게 상상이 되지는 않았습니다. 그래도 확실한 것은 제 아이들이 배우자와 함께 행복한 가정을 꾸리는 것이라는 생각이 들더군요. 내 아이들이 결혼하고 자식까지 낳았는데 배우자와 관계가 원만하지 않다면 아버지로서 마음이 너무나 아플 것 같았습니다.

장인 장모님께서도 저와 비슷하게 여기실 것으로 생각했습니다. 결혼 허락을 받던 날, 귀한 딸을 고생시키지 않겠다고 한 약속을 잘 지켜야겠다고 다시 한번 다짐했지요. 장인 장모님께 살갑게 안기는 사위는 못되더라도 딸을 행복하게 해주는 것이 제가 할 수 있는 일차적인 효도라고 생각하며 노력하고 있습니다.

고생한 부모님을 호강시켜드리지는 못할망정 '내가 잘 사는 것이 효도하는 것이다.'라고 생각하는 제 태도를 누군가는 못마땅해할지도 모르겠습니다. 저 자신도 가끔 이런 제 생각이 자식의 책임을 회피하는 '정신승리' 아닌가 싶기도 합니다. 감사하게도 양가 부모님께서는 그런 제게 그동안 아쉬운 소리 한 번 하시지 않으셨습니다. 그리고 언제나 이렇게 말씀하셨죠.

"부모로서 아프지 않은 것이 제일 감사한 일이고, 너희들이 부모에게 걱정 끼치지 않고 화목하게 잘 사는 것만큼 고마운 것이 없다."

당신들은 자식을 키우는 와중에 부모님까지 잘 모셨음에도 불구하고 자식들에게는 그런 부담을 지우지 않으려는 부모님의 마음에 늘 감사함을 느낍니다.

효에 대한 기준을 바꾼 덕분에 부모님께 가졌던 죄송한 마음은 한결 나아졌습니다. 부모님께 걱정을 끼쳐드리지 않는 것, 부모님의 마음을 즐겁게 해 드리는 것이 진짜 효도라고 생각하자 제가 할 수 있는 것들이 많아졌기 때문입니다.

물론 이러한 마음에 더해 경제적인 선물까지 할 수 있다면 금상첨화겠지요. 자식들 뒷바라지하느라 환갑이 넘도록 명품 가방 한 번 들어보지 못한 어머니와 장모님께 꼭 좋은 가방을 선물해드리고 싶었습니다. 둘째 아이를 낳고 4년이 넘는 시간 동안 부모님께 용돈은 드리지 못했지만, 효도통장을 만들어 조금씩 돈을 모았고 마침내 지난 어버이날, 양가 어머니들께 좋은 가방을 선물해드릴 수 있었습니다. 아들로서, 사위로서 가장 뿌듯했던 순간 중 하나였습니다.

얼마 전 인터넷에서 '인생의 꿀팁'이라는 글을 보았습니다. 글쓴이는 '평생 후회 안 할 인생 꿀팁'이라며 엄마 아빠의 모습을 동영상으로 찍어놓을 것을 제안했습니다. 무엇으로도 살 수 없는 소중한 추억이 된다며 부모님께 아무 말이라도 걸면서 슬쩍 찍어놓으라고 했지요. 생각해보니 제 핸드폰 역시 아이들의 사진과 동영상으로 가득했습니다. 아주 가끔 아이들과 부모님이 함께 찍은 사진이 있을 뿐, 부모님을 주인공으로 한 사진이 거의 없었습니다. 그 이후로 부모님과 여행을 가거나 아이들이 할머니, 할아버지와 이야기를 나눌 때 부모님의 모습을 영상에 담으려 노력하고 있습니다.

효도는 거창한 것이 아닙니다. 쑥스러워도 부모님의 영상을 찍으려는 마음, 자주 연락을 드리고 하룻밤이라도 부모님 곁에서 지내고 오는 것, 그리고 내가 잘 사는 것…. 이러한 소소한 마음이 곧 부모님께 효도하는 방법입니다.

직장 생활에
도움이 되는
육아

육아를 하다 보면 하루하루 크는 이이들의 모습이 너무 아깝게 느껴질 때가 많습니다. 빨리 커서 이제 뒤치다꺼리 좀 그만하고 싶으면서도 사랑스러운 지금의 모습이 영원했으면 좋겠다는 생각을 하죠. 특히 막내는 더욱 그렇습니다. 아기 티를 조금씩 벗어가는 모습을 보며 이제 더는 아기 특유의 몸짓과 말투, 냄새를 못 보고, 못 듣고, 못 맡는다고 생각하면 너무나 아쉽습니다.

아이가 커가는 모습이 아쉽다 보니 자연스럽게 일과 가정의 균형을 찾기 위해 노력하게 되었습니다. 특히나 군인인 저는 앞으로 언제 주말부부를 하게 될지 모르다 보니 함께 있을 때 가족과 최대한 많은 시간을 보내려 했습니다. 그리고 그런 노력은 생각지도 않게 직장 생활에도 큰 도움이 되었습니다.

첫째, 직장에서의 업무 효율성이 크게 높아졌습니다.

아이를 낳기 전만 해도 저는 일 처리를 다소 느긋하고 여유롭게 처리하는 편이었습니다. 업무 시간에 일을 마무리하지 못하면 그대로 두었다가 야근을 하며 처리하는 일이 많았죠. 그러다 보니 일을 조금씩 미루는 버릇이 생겼습니다.

하지만 육아는 그런 저의 패턴을 완전히 바꿔주었습니다. 필요한 경우에는 당연히 야근해야 했지만 적어도 불필요하거나 습관적인 야근은 줄여야 했기 때문입니다.

아이들과 더 많은 저녁 시간을 보내고자 제 업무 스타일을 살펴보았습니다. 불필요한 야근을 하지 않겠다는 목표가 명확해지니 개선할 점들이 많이 보였습니다. 습관적인 야근의 주요 원인은 작은 일들을 바로 처리하지 않고 미룬 탓이었습니다. 이를 개선하고자 10분 안에 끝낼 수 있는 일들은 바로 끝내려고 노력했습니다. 이런 작은 노력만으로도 불필요한 야근을 상당 부분 줄일 수 있었습니다.

일의 효율성을 높이는 여러 가지 방법을 적용한 것도 많은 도움이 되었습니다. 업무와 관련된 자료들을 따로 정리하여 바인딩해 둠으로써 매번 필요한 자료를 찾는데 걸리는 시간을 많이 줄일 수 있었습니다. 또한 업무를 하다 이해가 가지 않는 부분이 생기면 주저하지 않고 상사에게 찾아가 여쭈어보았습니다. 그것도 이해를 못 했냐는 잔소리를 들더라도 혼자 고민하는 것보다 시간을 훨씬 절약할 수 있었기 때문입니다. 그리고 막상 여쭈면 상사들은 걱정과는 달리 대부분 친절하게 설명해주었습니다. 이러한 노력은 같은 시간 사무실에 앉아 있으면서도 이전보다 많은 일을 처리할 수 있게 해주었습니다.

둘째, 직장 동료들의 마음을 더 잘 이해할 수 있게 되었습니다.

아이의 마음을 알기 위해 제가 가장 많이 노력한 것 중 하나는 바로 관찰이었습니다. 육아서를 많이 읽는 것만으로는 실전에서 아이의 마음이 어떤지 알기 어렵다 보니 의식적으로 아이의 행동이나 표정을 유심히 관찰했지요. 관찰이 계속되자 어느 순간부터 아이의 표정 변화나 행동이 조금씩 눈에 들어오기 시작했습니다. '아이가 나의 말에 실망했구나.', '아이가 화가 나려고 하는구나.', '아이가 지금 무언가 바라는 것이 있구나.' 등 아이의 마음을 점점 더 빨리 알아채고 대응할 수 있었습니다.

이는 직장 동료와의 관계에서도 큰 도움이 되었습니다. 상대방의 표정과 행동을 보는 것이 익숙해지자 과중한 업무로 스트레스를 받는 동료, 선배와의 관계에서 어려움을 느끼는 동료들이 눈에 들어오기 시작했습니다. 그리고 이들이 필요로 하는 것들을 도와주면서 좀 더 좋은 관계로 발전할 수 있었습니다.

셋째, 거절을 어려워하지 않게 되었습니다.

가끔 뉴스에 '회식은 업무의 연장인가 아닌가'에 관한 이야기가 나옵니다. 저는 기본적으로 회식은 단점보다 장점이 많다고 생각했습니다. 동료들과 함께 업무 외적인 이야기를 하며 라포를 형성할 수 있고, 평소의 고민이나 업무에 대해서도 밝은 분위기에서 이야기할 수 있기 때문입니다. 게다가 막내 시절, 선배들로부터 회식은 무조건 참석해야 하는 것으로 배웠던 터라 회식에 참석하기 위해 아내의 희생을 요구하곤 했습니다.

하지만 육아는 반드시 참석하던 회식도 거절할 수 있게 해주었습니다. 회식의 장점을 알기에 될 수 있는 대로 참석하려고 노력하지만, 아이가 아프거나, 아내가 약속이 있을 때는 사정을 설명하고 거절했습니다. 그렇지 않은 경우라도 2차, 3차까지 이어지는 회식은 거절하고 될 수 있으면 1차에서 마무리 지었습니다. 회식에 참여하는 횟수가 줄었다고 해서 동료들과의 사이가 멀어지지도 않았습니다. 회식을 더욱 소중하게 느끼며 동료들의 이야기에 좀 더 집중할 수 있었죠. 예전에는 회식에 빠지거나 일찍 자리에서 일어나면 괜히 마음이 무거웠는데, 적은 시간이라도 동료들과 더 깊게 소통하면서 그런 마음에서 벗어날 수 있었습니다.

마지막으로 쓴소리를 효과적으로 할 수 있게 되었습니다.

예전의 저는 후배들이 잘못한 점을 쉽게 바로 잡아주지 못했습니다. 괜히 듣기 싫은 소리를 해서 동료와의 관계가 틀어지지 않을까 조심스러웠기 때문입니다. 반대로 업무 파트너가 비협조적이거나 무례하게 나올 때 흥분하는 일도 있었습니다. 감정적으로 달아올라 있다 보니 하고 싶은 말을 정확히 표현하지 못하고 감정적으로 대응하기도 했습니다.

육아는 그런 저에게 대화의 요령을 알려주었습니다. 아이를 훈육할 때 잘한 점과 잘못한 점을 같이 짚어주었던 것처럼 후배들이 잘못했을 때도 잘한 점을 곁들이며 부족한 부분을 짧고 명확하게 이야기했습니다. 그리고 상대방을 공격하는 말 대신 객관적인 사실과 이에 대한 제 느낌을 말했습니다.

"확인되지 않은 자료를 보고서에 넣으려 하다니, 어디서 일을 그따위로 배운 거야?" 하고 말하는 대신 "확인되지 않은 자료를 보고서에 넣으려 하는 것을 보고 깜짝 놀랐어. 자칫 우리 팀 전체에 대한 신뢰도를 떨어뜨릴 수 있었던 사안이라 걱정이 많이 되었어."라고 얘기했습니다. 그러면 후배들은 제게 쓴소리를 들으면서도 고개를 끄덕였습니다. 이렇게 아이를 훈육할 때 사용했던 대화법을 통해 상대방의 기분을 상하지 않게 하면서 잘못한 점을 짚어줄 수 있게 되었습니다.

무례하게 행동하는 업무 관계자와 대화할 때는 아이들을 떠올렸습니다. 우리 아이들도 분명 부모 말에 반항하는 시기가 올 텐데, 내 아이가 저렇게 예의 없게 행동한다면 나는 어떻게 행동해야 할까를 생각했습니다. 정말 신기하게도 상대방을 내 아이라고 생각하니 달아오르던 감정이 조금씩 가라앉았습니다. 흥분하지 않은 덕분에 감정싸움으로 치닫지 않았고, 차분히 이야기하며 문제를 해결할 수 있었습니다.

그동안 저는 일과 육아 중 하나를 선택하면 당연히 다른 하나는 포기해야 하는 줄 알았습니다. 직장에서의 성공을 위해서는 반드시 가족의 희생이 필요하고, 가정을 선택하면 직장에서의 성공은 어느 정도 포기해야 한다고 생각했습니다. 하지만 그게 아니었습니다. 직장 생활에서 얻은 비법들은 생각지도 못하게 육아에 도움이 되었고, 육아에서 얻은 비법 또한 직장 생활에 큰 도움이 되었습니다.

스티브 잡스는 우리가 살아가면서 찍은 점들이 언젠가 이어진다고 말했습니다. 명상가 프리타지 역시 모든 삶이 연결되어 있다고 이야기합니다. 이들의 말처럼 육아를 하며 느낀 깨달음과 직장에서의 경험 역시 서로 연결되어 시너지 효과를 일으켰습니다.

아빠가 되고서야
진정한
부부가 되다

올해 초, 스마트폰을 새로 샀습니다. 새 제품과 만나는 설렘에 손보다 스마트폰을 더 많이 닦고, 작은 상처에도 가슴 아파하는 날들이 이어졌었죠. 그런데 지금의 제 모습은 그 당시와 사뭇 다릅니다. 스마트폰을 신주단지 모시듯 애지중지하던 마음은 온데간데 없어지고 가끔 바닥에 떨어뜨려도 그런가 보다 합니다. 사람 마음이 몇 달 사이에 이렇게 크게 바뀌다니 놀라울 따름입니다.

독일의 철학자 니체는 그의 책 《즐거운 지식》(동서문화사)에서 다음과 같이 말했습니다.

'좀처럼 간단히 손에 넣을 수 없는 것일수록 간절히 원하는 법이다. 그러나 일단 자신의 것이 되고 얼마간의 시간이 흐르면 쓸데없는 것인 양 느껴지기 시작한다. 그것이 사물이든 인간이든 마찬가지다. 이미 손에 넣어 익숙해졌기에 싫증이 난다.'

니체는 사물뿐 아니라 인간도 마찬가지라고 했습니다. 니체의 글을 읽으며 저는 부부 관계를 생각했습니다. 배우자가 내 것이라고, 이 관계는 절대로 변하지 않으리라 생각했다가 좋지 않은 결과를 낳았던 여러 사례가 떠올랐지요. 어느덧 결혼 9년 차를 맞은 남편으로서 나는 어떤 모습인지 되물어 보았습니다. 역시나 부족한 부분이 많았습니다.

블로그에 '엄마 사랑하는 아빠'가 되겠다는 다짐을 남길 정도로 멋진 남편이 되고자 했지만 실제로는 그렇지 않은 날이 많았습니다. 현관문을 열고 집에 들어가면 아이들만 안으려 했지 아내를 먼저 안으려 하지 않았습니다. 아이들 앞에서도 아내에게 사랑표현을 많이 하려 했지만, 현실에서는 표현을 자제하는 경우가 많았습니다.

한 가지 다행인 것은 저 스스로 개선해야 할 점이 많다는 것을 잘 알고 있다는 점입니다. 그래서 틈틈이 연애 시절의 감정을 떠올려주고, 아내에게 집중하게 해주는 선생님을 찾습니다. 그 선생님은 바로 〈하트시그널〉과 〈동상이몽〉과 같은 연예/부부 관찰 예능프로그램입니다.

서로 호감을 느끼는 청춘남녀가 보여주는 상대에 대한 배려, 육아에 적극적으로 참여하면서도 아내를 살뜰히 챙기는 연예인 부부의 모습은 제게 교과서처럼 다가옵니다. 가끔 TV 속 장면이 그들만의 세상에서나 가능한 일처럼 여겨질 때도 있지만 별로 신경 쓰지 않습니다. 내가 가질 수 없는 것들을 부러워하기보다는 내가 할 수 있는 것들을 찾아 적용하는 것이 훨씬 이득이니까요. '저 남자는 결혼한 지 꽤 오래되었는데도 아내의 말을 저렇게 잘 기억하고 있구나.', '저 이벤트를 조금 응용해서 아내에게 하면 좋아하겠는데?', '그러고 보니 아내에게 꽃을 사준지 꽤 오래되었네.'와 같은 깨달음은 초심을 잃지 않는 데 많은 도움을 줍니다.

한 수 배우겠다는 마음으로 TV 속 멋진 부부들의 모습을 벤치마킹하다 보니 눈에 들어오는 점이 있었습니다. 그들은 배우자에게 자신이 원하는 모습을 기대하지 않았습니다. 나를 사랑한다면 내가 원하는 대로 상대방이 움직여줘야 한다고 생각하지 않았죠. 나와 가장 가까운 사람이지만 나와 다른 생각을 하더라도 이를 강요하지 않았습니다. 각자가 높은 자존감을 가지고 있었기에 가능한 일이었습니다.

있는 그대로 바라보기

아내에게 무언가를 기대하지 않고 있는 그대로 바라보는 태도는 저와 아내와의 관계를 더욱 건강하게 만들어주었습니다.

작년에 아내가 대학교 친구들과 1박 2일 여행을 다녀왔습니다. 당시 수도권 지역에 코로나 19의 확산세가 심상치 않았기에 아내가 서울에 다녀오는 것이 썩 내키지 않았습니다. 조심스럽게 약속을 미루는 것이 어떻겠냐고 물었습니다. 고민하던 아내는 방역수칙을 잘 지키면서 조심해서 다녀오겠다고 했습니다. 예전의 저였다면 서울에 다녀오겠다는 아내의 이야기에 분명 몇 마디를 덧붙였을 것입니다. "혹시라도 코로나에 걸리면 아이들은 어떡하냐.", "분위기가 심상치 않은데 모임이 그렇게 중요하냐." 하고 말하며 제 의견에 따르기를 강요했을 것입니다. 하지만 한 뼘 성장한 지금의 저는 아내의 결정을 응원했습니다. 아내 나름대로 심사숙고하여 내린 결정이기도 하고, 남편이라는 이름으로 아내의 결정을 막을 권리도 없기 때문입니다. 다수 인원과 접촉하는 것을 줄이기 위해 역까지 데려다주는 정도의 역할을 하였고, 아내는 방역수칙을 철저히 지키며 아무 탈 없이 모임에 잘 다녀올 수 있었습니다.

앞서 《즐거운 지식》에서 니체가 썼던 글은 다음과 같이 이어집니다.

'그러나 그것은 자기 자신에게 싫증 나 있는 것이다. 손에 넣은 것이 자기 안에서 변하지 않기에 질린다. 즉, 대상에 대한 자신의 마음이 변하지 않기 때문에 흥미를 잃는다. 결국, 계속해서 성장하지 않는 사람일수록 쉽게 싫증을 느낀다. 오히려 인간으로서 끊임없이 성장하는 사람은 계속 변화하기에 똑같은 사물을 가지고 있어도 조금도 싫증을 느끼지 않는다.'

니체는 내가 누군가에게 싫증을 느끼는 이유를 상대방에게서 찾지 않았습니다. 상대방이 아니라 자기 자신 때문이라고 했죠. 그는 상대방의 변화와 상관없이 스스로 성장해야 한다는 것을 해결책으로 제시했습니다.

니체의 말에 깊이 공감했습니다. 저는 결혼할 당시보다 지금 더, 아내에게 깊은 감사와 사랑을 느낍니다. 그것은 아내가 어느 날 갑자기 제가 원하는 모습으로 변했기 때문이 아닙니다. 점점 더 멋지게 성장하는 아내의 모습도 분명 영향을 미쳤지만, 더 큰 이유는 제 내면이 변했기 때문입니다. 건강이 안 좋아지고 자존감이 바닥을 치던 시절, 끊임없이 나를 찾으려 하고 진짜 내 마음을 알기 위해 노력한 덕분에 제 마음은 더 단단해졌습니다. 사실과 생각을 분리하는 연습과 명상을 통해 나와 내 주변을 객관적으로 보고자 했고, 그 덕분에 아내가 나와 아이들을 위해 얼마나 많은 희생을 하는지 알 수 있었습니다. 아내가 얼마나 고맙고 사랑스러운 존재인지 자연스럽게 깨달을 수 있었습니다.

지하철을 타면 가끔 사람들의 모습을 관찰하곤 합니다. 피곤한 나머지 꾸벅꾸벅 조는 사람, 멍하니 앉아 있는 사람, 이어폰을 꽂고 음악을 흥얼거리는 사람, 스마트폰으로 게임을 하는 사람….

그 중 아직도 잊히지 않고 생생하게 떠오르는 장면이 있습니다. 제 옆자리에 앉았던 노부부의 모습입니다. 스마트폰을 만지작거리는 대부분의 사람과 달리 그 노부부는 서로의 손을 꼭 잡고 눈을 마주치며 이야기를 나누고 있었습니다. 마치 외국 영화의 한 장면처럼 말이죠. 저도 모르게 두 분의 이야기에 주파수를 맞추었습니다. 아침에 산에 다녀온 이야기, 핸드폰 와이파이 연결하는 법, 주말 계획. 그들이 나눈 이야기는 지극히 평범하고 사소한 것이었습니다. 하지만 그 모습이야말로 여태껏 제가 본 가장 아름다운 부부의 모습이었습니다. 그들을 보며 이런 생각이 들었습니다.

'아이들을 멋지게 키우려 하기 전에 서로 사랑하는 엄마 아빠의 모습부터 보여야겠다. 서로를 존중하고 꿈을 나누는 부모 밑에서 자라는 아이들은 자연스럽게 사랑이 무엇인지 알 수 있지 않을까?'

부부야말로 진짜 내 편, 진정한 삶의 동반자입니다.

• • • •

에필로그

내가 꿈꾸는 우리 가족의 모습

"선생님은 언제나 웃는 네 모습이 참 좋더라. 나중에 어른이 되어도 그 미소를 절대 잃지 않았으면 좋겠어."

중학교 졸업식 날, 담임선생님이 제게 해주신 말씀입니다. 이처럼 어렸을 때부터 저는 주변 사람들로부터 "잘 웃는다."라는 말을 참 많이 들으며 자랐습니다. 잘 웃는 성격 덕분인지, 저는 각종 심리검사를 할 때마다 자존감이나 회복 탄력성 부분에서 높은 결과를 얻곤 합니다. 삶에 대한 만족도 역시 꽤 높은 편이고요.

제가 세상에 대해 비교적 긍정적인 시각을 가질 수 있었던 것은 전적으로 부모님 덕분입니다. 어렸을 때부터 부모님이 제게 보여주신 말씀과 행동이 어른이 되어서도 늘 제 가슴에 남아있기 때문입니다.

부모님은 언제나 저를 믿어주셨습니다.

부모님은 제가 사춘기 시절을 말썽부리지 않고 착하게 보냈다고 기억하시지만, 사실 항상 그랬던 것은 아닙니다. 거짓말도, 바르지 못한 행동도 많이 했었죠. 그 시절 학생들이 많이 하던 거짓말 중 하나가 교재 가격을 뻥튀기하는 것이었습니다. 친구들과 노는 데 필요한 돈이 부족하다 보니 문제집 가격을 비싸게 말해 제값보다 더 많은 돈을 받곤 했지요. 얼마 전에 문제집을 샀는데 또 사겠다는 아들이 못 미더우셨을 테지만 어머니는 한 번도 이를 확인하려 하지 않으셨습니다. 지난번에 산 문제집을 다 풀었는지 묻는 일도 없었고, 제가 산 문제집 값을 확인하는 일도 없었습니다.

잠시 일탈을 할 때도 마찬가지였습니다. 고등학교 시절 저는 친구들과 어울려 다니며 담배에 손을 댔습니다. 독서실에 가방을 던져둔 채 나이를 속이고 술을 마시기도 했습니다. 지금 생각하면 참으로 부끄럽지만, 당시엔 그런 행동을 하면 괜히 가슴이 뛰곤 했습니다. 우리만의 소속감을 느끼며 마치 제가 대단한 사람이라도 되는 것처럼 착각하기도 했죠.

담배를 피우고 집에 들어갈 때는 부모님이 알아차리지 못하도록 완전범죄를 꿈꿨습니다. 비누로 손을 빡빡 씻고, 부모님이 깨지 않도록 살그머니 현관문을 열었습니다. 가끔 부모님이 주무시지 않고 계시면 대충 인사를 드리고 얼른 방으로 들어왔습니다. 어리석게도 저는 부모님을 완벽히 속였다고 뿌듯해하며 약간의 우월감을 느끼기도 했습니다. 아무리 손을 깨끗이 씻는다 한들, 비흡연자들은 스쳐 지나가기만 해도 담배 냄새를 알아차린다는 것도 모른 채 말이죠. 하지만 부모님은 제게 단 한 번도 "너 담배 피우니?", "손 좀 이리 내 보렴."이라고 말씀하시지 않았습니다. 제가 부모님께 들었던 잔소리(?)는 이 말 하나였습니다.

"엄마 아빠는 너를 믿어. 네가 알아서 잘할 테니까."

"너를 믿는다."라는 부모님의 말씀은 이상하게도 제 마음을 계속 맴돌았습니다. 담배를 피우면서 느낀 일탈감은 잠깐이었지만 부모님의 믿음에 반하고 있다는 자책감은 오래 남았습니다. 결국 저는 그리 오랜 시간이 지나지 않아 담배를 끊었고 그 이후로도 지금까지 담배에 손을 대지 않고 있습니다.

만약 부모님께서 당시 제 손을 빼서 냄새를 맡으셨거나 가방을 뒤지시고서는 "너 제정신이야?", "고등학생이 무슨 담배를 피워?" 하고 윽박지르셨다면 저는 어떻게 행동했을까요? 사춘기 시절의 저라면 아마 반성보다는 반발심을 느꼈을 겁니다. 다음에는 더 완벽하게 부모님을 속이려 했겠지요. 잠깐 담배를 멀리하더라도 이내 다시 손을 댔을지도 모릅니다. 하지만 부모님은 끝까지 저를 믿어주셨습니다. 크게 혼나도 아무 말 못 할 상황에서 오히려 믿음을 보여주신 부모님 덕분에 저는 금세 제자리로 돌아왔고 부모님을 더욱 존경할 수 있었습니다.

부모님은 긍정적인 메시지를 불어넣어 주셨습니다.

중요한 일을 앞두고 자신 없어 하는 저를 보면 부모님은 제가 하는 일이 언제나 잘 될 거라며 걱정하지 말라고 말씀해주셨습니다.

기대에 훨씬 못 미치는 성적표를 보여드려도 마찬가지였습니다. 아버지는 약간 실망하는 기색을 보이셨지만 공부하는 자세가 틀려먹었다거나 노력이 부족하다는 잔소리를 하지 않으셨습니다. 어머니는 실망하는 기색도 보이지 않으시고 제게 이렇게 말씀하셨습니다.

"모의고사는 기대에 미치지 못했지만, 수능은 잘 볼 거야. 너는 사주가 좋대."

어머니의 세뇌 교육 덕분인지 저는 언제나 저에게 좋은 일이 일어날 것이라는 생각을 자주 했습니다. 세상의 중심에 내가 있고, 하늘은 언제나 나의 편이라는 상상을 했죠.

어머니의 기대와 달리 저는 수능에서도 기대 만큼 좋은 점수를 얻지 못했습니다. 하지만 걱정스럽거나 불안한 마음은 들지 않았습니다. 원하던 만큼의 점수를 받지는 못했지만, 왠지 잘 될 것 같았고, 운 좋게 지원했던 학교에 합격할 수 있었습니다. 이후로도 '하늘은 언제나 나의 편'이라는 생각은 늘 저와 함께했습니다. 인간관계에 어려움을 느낄 때, 업무가 잘 풀리지 않을 때마다 이 경험이 앞으로 큰 도움이 된다고 생각할 수 있었고, 실제로도 그렇게 되었습니다.

부모님은 저를 어렸을 때부터 동등한 인격체로 존중해주셨습니다.

무슨 일을 결정할 때 부모님은 언제나 제 의견을 우선적으로 고려해주셨습니다. 배우고 싶은 게 있다고 말씀드리면 배우게 해주셨고, 지겹다고 그만두겠다고 하면 그만두게 하셨습니다. 그뿐만 아니라 부모님은 제 사생활도 확실하게 존중해주셨습니다. 어렸을 때부터 부모님은 제게 도착한 우편물이나 택배를 열어보시는 일이 없었습니다. 제게 온 우편물들은 언제나 개봉되지 않은 채 제 책상 위에 가지런히 놓여있었죠. 이처럼 부모님이 보여주신 말과 행동은 제가 세상을 살아가는 데 큰 힘이 되었습니다.

우편물을 열지 않고 전해주는 것, 거짓말하는 기색이 느껴져도 이를 캐묻지 않고 아이의 말을 믿어주는 것, 기대에 미치지 못했다고 해서 비난하지 않는 것…. 두 아이의 아빠가 되고 나니 부모님이 제게 보여주신 말과 행동이 정말 어려운 일이었다는 것을 느낍니다. 분명 머리로는 쉽다고 생각했는데 현실 육아에서는 마음처럼 되지 않을 때가 많습니다. 저도 모르게 아이 위에 군림하려 하거나 잘못된 행동을 비난할 때면 부모님을 떠올리며 그런 제 모습을 반성하고 나아지려고 노력하고 있습니다.

작년 말, 집 주변 어린이 도서관에서 주최한 프로그램에 참여했습니다. 동화작가 최덕규 선생님과 함께하는 '아빠들의 그림책 만들기' 프로젝트였습니다. 막상 그림을 그리고 이야기를 만들려고 하니 그렇게 막막할 수가 없었습니다. 고민 끝에 제가 꿈꾸는 우리 가족과 아이들의 모습을 그려보았습니다.

'믿음을 바탕으로 서로 구속하지 않는 관계', 제가 꿈꾸는 우리 가족의 모습입니다. 같이 놀자고 달려들고, 안아달라고 안기는 우리 아이들도 시간이 지나면 사춘기를 겪고, 기대에 어긋나는 행동을 할 것입니다. 아이가 설령 실망스러운 행동을 하더라도 제 부모님이 그러셨듯이 저도 언제나 아이들을 존중하고 전적으로 믿어주고 싶습니다.

긍정적인 말과 행동을 통해 우리 아이들도 하늘이 언제나 우리 편이라는 것을 믿고 세상을 살아갔으면 좋겠습니다. 더불어 성인이 되면 엄마 아빠에게 얹혀살지 말고 자기 인생 자기가 알아서 잘 살았으면 좋겠습니다.

사랑하되 기대하지 않고

옆에 있되 먼저 손 내밀지 않고

안길 때 더욱 많이 안아주는 것

그것이 오늘을 살아가는 요즘 아빠인 제 역할이라고 생각합니다.

오늘도 저에게 무한한 행복을 주는 아내와 아이들에게 감사합니다. 그리고 사랑합니다.

85년생 요즘 아빠

초판 1쇄 발행 2021년 5월 17일
초판 2쇄 발행 2021년 7월 25일

지은이 | 최현욱

펴낸이 | 박현주
편집 | 김정화
디자인 | 인앤아웃
일러스트 | 나수은
마케팅 | 유인철
인쇄 | 도담프린팅

펴낸 곳 | (주)아이씨티컴퍼니
출판 등록 | 제2021-000065호
주소 | 경기도 성남시 수정구 고등로3 현대지식산업센터 830호
전화 | 070-7623-7022
팩스 | 02-6280-7024
이메일 | book@soulhouse.co.kr
ISBN | 979-11-88915-43-9 13590